Übungsbuch Signale und Systeme

Bernhard Rieß · Christoph Wallraff

Übungsbuch Signale und Systeme

Aufgaben und Lösungen

3., korrigierte Auflage

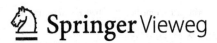 Springer Vieweg

Bernhard Rieß
FB Elektro- und Informationstechnik
Hochschule Düsseldorf
Düsseldorf, Deutschland

Christoph Wallraff
FB Elektro- und Informationstechnik
Hochschule Düsseldorf
Düsseldorf, Deutschland

ISBN 978-3-658-30370-9   ISBN 978-3-658-30371-6 (eBook)
https://doi.org/10.1007/978-3-658-30371-6

Die Deutsche Nationalbibliothek verzeichnet diese Publikation in der Deutschen Nationalbibliografie; detaillierte bibliografische Daten sind im Internet über http://dnb.d-nb.de abrufbar.

Springer Vieweg
© Springer Fachmedien Wiesbaden GmbH, ein Teil von Springer Nature 2015, 2018, 2020

Springer Vieweg ist ein Imprint der eingetragenen Gesellschaft Springer Fachmedien Wiesbaden GmbH und ist ein Teil von Springer Nature.
Die Anschrift der Gesellschaft ist: Abraham-Lincoln-Str. 46, 65189 Wiesbaden, Germany

Vorwort

Dieses Übungsbuch entstand im Rahmen einer Vorlesung auf dem Gebiet „Signale und Systeme" an der Hochschule Düsseldorf. Dort wird dieses Fach wie an vielen anderen Universitäten, Hochschulen und Fachhochschulen auch im dritten oder vierten Semester im Studiengang Elektrotechnik gelehrt.

Dabei werden insbesondere die Themen reelle und komplexe Fourier-Reihen, Differentialgleichungen, Faltung, Fourier- und Laplacetransformation behandelt, welche in der Elektrotechnik als Methoden zur Berechnung des Ausgangssignals einer gegebenen, linearen zeitinvarianten Schaltung bei gegebenem Eingangssignal eingesetzt werden.

Dieses Buch ersetzt kein Lehrbuch oder den Besuch einer Vorlesung. Es soll durch eine Vielzahl von Aufgaben und den zugehörigen Musterlösungen den Studierenden die Vorbereitung auf die Prüfung erleichtern. Durch intensives Üben mit den in diesem Buch angebotenen Aufgaben soll das in der Vorlesung oder der einschlägigen Literatur erworbene theoretische Wissen verfestigt und die routinemäßige Anwendung der verschiedenen Lösungsverfahren durch praktische Anwendung verinnerlicht werden.

Jedes Kapitel fasst zunächst die für das jeweilige Thema wichtigen Grundlagen und Formeln kurz zusammen. Im Anschuß daran finden sich dann die Aufgaben und Lösungen.

Herzlicher Dank geht an dieser Stelle an Herrn B. Eng. Simon Christmann für den hervorragenden Satz dieses Buches in Latex.

Über Feedback, Korrekturhinweise oder andere Anregungen freut sich:
bernhard.riess@hs-duesseldorf.de

Düsseldorf im Juli 2015
Bernhard Rieß
Christoph Wallraff

Vorwort zur zweiten Auflage

In der vorliegenden zweiten Ausgabe dieses Übungsbuchs wurden die Kapitel Differentialgleichungen, Fourier- und Laplacetransformation um insgesamt 21 Aufgaben deutlich erweitert. Damit steigt der Umfang des Buches von ursprünglich 34 auf nun 55 Aufgaben erheblich.

Darüber hinaus wurden einige von den Lesern gefundene Fehler der 1. Ausgabe korrigiert. Vielen Dank an alle Leser für das konstruktive Feedback!

Herzlicher Dank geht an dieser Stelle an die Herrn B. Eng. Florian Caspers, Tim Adomeit und Andreas Glatow für den hervorragenden Satz dieser Ausgabe in Latex.

Über Feedback, Korrekturhinweise oder andere Anregungen freut sich weiterhin: bernhard.riess@hs-duesseldorf.de

Düsseldorf im Mai 2017
Bernhard Rieß
Christoph Wallraff

Vorwort zur dritten Auflage

In dieser dritten Auflage wurden alle Kapitel, Aufgaben und Lösungen noch einmal kritisch durchgesehen und alle von den Lesern gefundenen Fehler berichtigt. Die Autoren danken den zahlreichen Lesern herzlich für alle Zuschriften, Kommentare und Korrektur-hinweise. Wir freuen uns weiterhin auf Feedback jeder Art an: bernhard.riess@hs-duesseldorf.de

Düsseldorf im April 2020

Bernhard Rieß
Christoph Wallraff

Inhaltsverzeichnis

Grundlagen

Zusammenfassung

In diesem Kapitel werden die für die folgenden Kapitel grundlegenden mathematischen Funktionen, sowie die Umwandlung von der analytischen in die graphische Darstellung und umgekehrt wiederholt.

Neben den grundlegenden mathematischen Funktionen wie Polynomen, Sinus-, Kosinus-, Exponential-, Wurzel- und Betragsfunktion werden zur Charakterisierung von elektrischen Schaltungen folgende Signale vielfach angewendet:

a) Sprungfunktion

Die Sprungfunktion ist definiert als:

$$\sigma(t) = \begin{cases} 0 & \text{für } t < 0 \\ 1 & \text{für } t \geq 0 \end{cases}$$

Die Sprungfunktion ist unstetig an der Stelle $t = 0$.

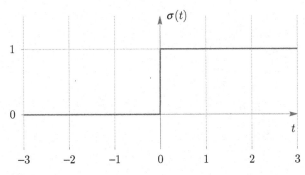

Bernhard Rieß und Christoph Wallraff, *Übungsbuch Signale und Systeme*,
https://doi.org/10.1007/978-3-658-30371-6_1

b) Rechteckfunktion

Die Rechteckfunktion ist definiert als:

$$\text{rect}(t) = \begin{cases} 0 & \text{für } |t| > \frac{T_i}{2} \\ 1 & \text{für } |t| \leq \frac{T_i}{2} \end{cases}$$

Die Sprungfunktion ist unstetig für $t = \pm\frac{T_i}{2}$.

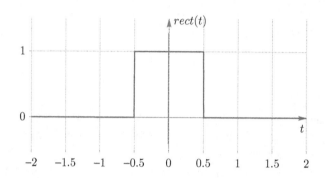

1.1   Übungsaufgaben

Aufgabe 1

Die folgenden Signale sind zu skizzieren.

a) $x(t) = \sigma(t-1)\cdot 2$
b) $x(t) = \cos((t+1)\cdot\pi)$
c) $x(t) = \sigma(t)\cdot 2\cdot\sin(t\cdot\pi)$
d) $x(t) = \sigma(\cos(t\cdot 2\cdot\pi))$
e) $x(t) = 2\cdot\text{rect}(t-\frac{1}{2}) - \text{rect}(\frac{1}{2}t - 1)$
f) $x(t) = \sin(t) + 2\cdot\cos(t\cdot 0{,}5)$
g) $x(t) = 2\cdot|\cos(t\frac{\pi}{2})|$
h) $x(t) = \sigma(t)\cdot t^2\cdot\sin(8\cdot\pi\cdot t)$

i) $x(t) = \begin{cases} 0 & \text{falls } t < 0 \\ t & \text{falls } 0 \leq t \leq 2 \\ 2\,e^{-(t-2)} & \text{sonst} \end{cases}$

j) $x(t) = \frac{\sin(t)}{t}$

Aufgabe 2

Zu jedem der folgenden Signale ist eine entsprechende Funktionsvorschrift gesucht.

a

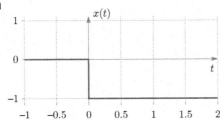

b

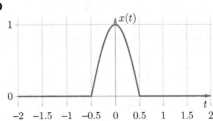

c

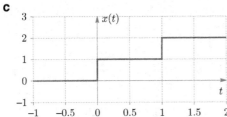

d

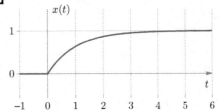

Aufgabe 3

Die folgenden Terme sind zu vereinfachen. ($t \in \mathbb{R}^+$)

a) $|4 - 3\mathrm{j}|$

b) $\arg(3 \cdot \mathrm{e}^{\mathrm{j} \cdot 45°})$

c) $-2 \cdot \mathrm{e}^{\mathrm{j}\pi}$

d) $\frac{1}{2} \cdot (\mathrm{e}^{\mathrm{j}t} + \mathrm{e}^{-\mathrm{j}t})$

e) $2 \cdot |\mathrm{e}^{-\frac{\mathrm{j}}{2}}|$

f) $|\mathrm{e}^{\mathrm{j}t\pi} + \mathrm{e}^{-\mathrm{j}t\pi}|$

g) $\arg(\mathrm{e}^{-\mathrm{j}\pi} \cdot \mathrm{e}^{\mathrm{j}2\pi})$

h) $\frac{\mathrm{e}^{\mathrm{j}t} - 1}{\mathrm{e}^{\mathrm{j}t} + 1}$

i) $\sqrt{2 \cdot (\cos(\pi t) + 1)}$

Aufgabe 4

- Beschreiben Sie alle unten in den Abbildungen a) - h) dargestellten Signale mathematisch in Abhängigkeit von t.
- Geben Sie auch die Periodendauer T an.

- Berechnen Sie zu allen Signalen den Mittelwert $\overline{x(t)}$ mit

$$\overline{x(t)} = \frac{a_0}{2} = \frac{1}{T} \cdot \int_0^T x(t)\,dt.$$

- Berechnen Sie zu allen Signalen den Effektivwert S mit

$$S^2 = \frac{1}{T} \cdot \int_0^T x^2(t)\,dt.$$

a

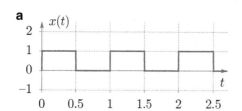

b

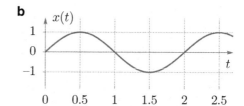

c

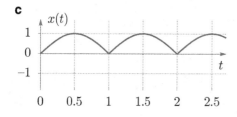

d

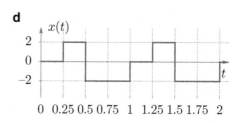

e

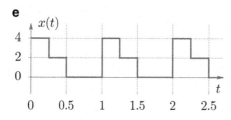

f

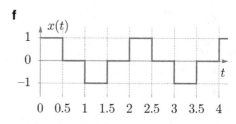

g

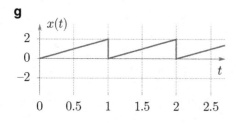

h

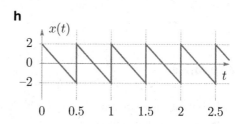

1.2 Musterlösungen

Lösung zur Aufgabe 1

a

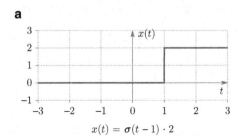

$$x(t) = \sigma(t-1) \cdot 2$$

b

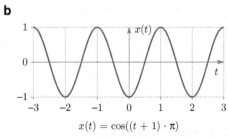

$$x(t) = \cos((t+1) \cdot \pi)$$

c

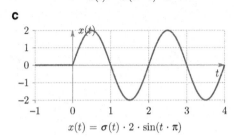

$$x(t) = \sigma(t) \cdot 2 \cdot \sin(t \cdot \pi)$$

d

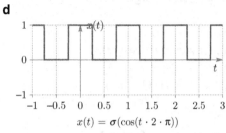

$$x(t) = \sigma(\cos(t \cdot 2 \cdot \pi))$$

e

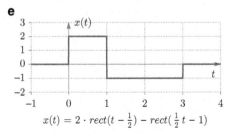

$$x(t) = 2 \cdot rect(t - \tfrac{1}{2}) - rect(\tfrac{1}{2}t - 1)$$

f

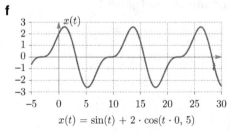

$$x(t) = \sin(t) + 2 \cdot \cos(t \cdot 0,5)$$

g

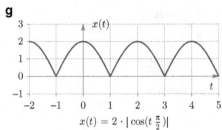

$$x(t) = 2 \cdot |\cos(t \tfrac{\pi}{2})|$$

h

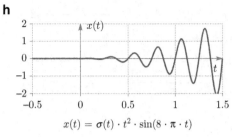

$$x(t) = \sigma(t) \cdot t^2 \cdot \sin(8 \cdot \pi \cdot t)$$

i

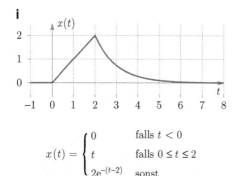

$$x(t) = \begin{cases} 0 & \text{falls } t < 0 \\ t & \text{falls } 0 \le t \le 2 \\ 2e^{-(t-2)} & \text{sonst} \end{cases}$$

j

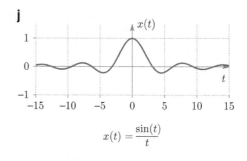

$$x(t) = \frac{\sin(t)}{t}$$

Lösung zur Aufgabe 2

a) $x(t) = -\sigma(t)$

b) $x(t) = \text{rect}(t) \cdot \cos(\pi t)$

c) $x(t) = \sigma(t) + \sigma(t-1)$

d) $x(t) = \sigma(t) \cdot (1 - e^{-t})$

Lösung zur Aufgabe 3

a) $|4 - 3j| = \sqrt{4^2 + 3^2} = \underline{\underline{5}}$

b) $\arg(3 \cdot e^{j \cdot 45°}) = \arg(3 \cdot e^{j \cdot \frac{\pi}{4}}) = \underline{\underline{\frac{\pi}{4}}}$

c) $-2 \cdot e^{j\pi} = -2 \cdot (-1) = \underline{\underline{2}}$

d) $\frac{1}{2} \cdot (e^{jt} + e^{-jt}) = \underline{\underline{\cos(t)}}$

e) $2 \cdot |e^{-\frac{j}{2}}| = 2 \cdot 1 = \underline{\underline{2}}$

f) $|e^{jt\pi} + e^{-jt\pi}| = |2 \cdot \frac{e^{jt\pi} + e^{-jt\pi}}{2}| = |2 \cdot \cos(\pi t)| = \underline{\underline{2|\cos(\pi t)|}}$

g) $\arg(e^{-j\pi} \cdot e^{j2\pi}) = \arg(e^{-j\pi + j2\pi}) = \arg(e^{j\pi}) = \underline{\underline{\pi}}$

h) $\frac{e^{jt}-1}{e^{jt}+1} = \frac{e^{j\frac{t}{2}}(e^{j\frac{t}{2}} - e^{-j\frac{t}{2}})}{e^{j\frac{t}{2}}(e^{j\frac{t}{2}} + e^{-j\frac{t}{2}})} = \frac{2j \cdot (e^{j\frac{t}{2}} - e^{-j\frac{t}{2}})}{2j \cdot (e^{j\frac{t}{2}} + e^{-j\frac{t}{2}})} = j \cdot \frac{\sin(\frac{t}{2})}{\cos(\frac{t}{2})} = \underline{\underline{j \cdot \tan(\frac{t}{2})}}$

i) $\sqrt{2 \cdot (\cos(\pi t) + 1)} = \sqrt{2 \cdot 2\frac{\cos(2\frac{\pi}{2}t)+1}{2}} = \sqrt{2 \cdot 2 \cdot \cos^2(\frac{\pi}{2}t)} = \underline{\underline{2 \cdot |\cos(\frac{\pi t}{2})|}}$

Lösung zur Aufgabe 4

a)

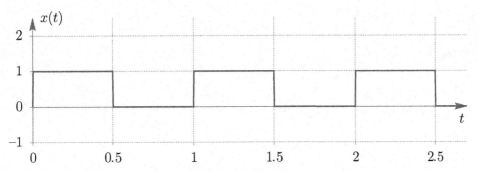

$$x(t) = \begin{cases} 1 & \text{falls } t \leq \frac{1}{2} \\ 0 & \text{sonst} \end{cases} \qquad \text{für } t \in (0|1) \text{ und periodisch mit } T = \underline{\underline{1}}$$

$$\overline{x(t)} = \frac{1}{T} \cdot \int_0^T x(t)\, dt$$

$$= \frac{1}{1} \cdot \int_0^{0.5} 1\, dt$$

$$= 1 \cdot \left[t \right]_0^{0.5}$$

$$= 1 \cdot 0.5$$

$$= \underline{\underline{0.5}}$$

$$S^2 = \frac{1}{T} \cdot \int_0^T x^2(t)\, dt$$

$$= \frac{1}{1} \cdot \int_0^{0.5} 1^2\, dt$$

$$= 1 \cdot \left[t \right]_0^{0.5}$$

$$= 1 \cdot 0.5$$

$$= \underline{\underline{0.5}}$$

$$S = \sqrt{0.5}$$

$$\approx \underline{0.71}$$

b)

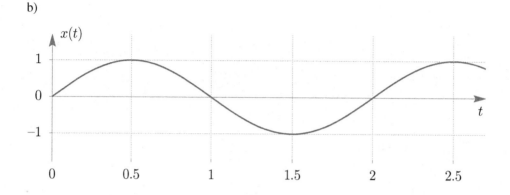

$$x(t) = \sin\left(2 \cdot \pi \cdot \frac{t}{T}\right) \qquad \text{mit } T = \underline{\underline{2}}$$

$$\overline{x(t)} = \frac{1}{T} \cdot \int_0^2 x(t)\ dt$$

$$= \frac{1}{2} \cdot \int_0^2 \sin\left(2 \cdot \pi \cdot \frac{1}{2} \cdot t\right)\ dt$$

$$= \frac{1}{2} \cdot \int_0^2 \sin\left(\pi \cdot t\right)\ dt$$

$$= \frac{1}{2} \cdot \left[\frac{1}{\pi} \cdot \cos\left(\pi \cdot t\right)\right]_0^2 \qquad \leftarrow \text{Bronstein}^1 \text{ Integral Nr. 274}$$

$$= \frac{1}{2\pi} \cdot \left[\cos\left(\pi \cdot t\right)\right]_0^2$$

$$= \frac{1}{2\pi} \cdot \left[-1 + 1\right]$$

$$= \underline{\underline{0}}$$

---

[1]Bronstein I A, Semendjajew K A (2012) Taschenbuch der Mathematik, Harri Deutsch, Thun und Frankfurt (Main)

$$S^2 = \frac{1}{T} \cdot \int_0^T x^2(t) \; dt$$

$$= \frac{1}{2} \cdot \int_0^2 1 \cdot \sin^2\left(2 \cdot \pi \cdot \frac{1}{2} \cdot t\right) dt$$

$$= \frac{1}{2} \cdot \int_0^2 \sin^2(\pi \cdot t) \; dt$$

$$= \frac{1}{2} \cdot \left[\frac{1}{2} \cdot t - \frac{1}{4 \cdot \pi} \cdot \sin(2 \cdot \pi \cdot t)\right]_0^2 \qquad \leftarrow \text{Bronstein}[2] \text{ Integral Nr. 275}$$

$$= \underline{0.5}$$

$$S = \sqrt{0.5}$$

$$\approx \underline{0.71}$$

c)

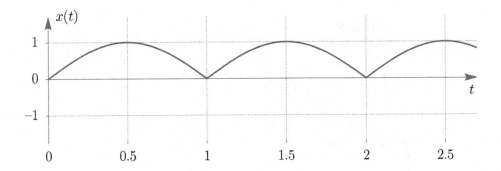

$$x(t) = \underline{\underline{\left|\sin\left(2 \cdot \pi \cdot \frac{1}{2} \cdot t\right)\right|}} \qquad \text{mit } T = \underline{\underline{1}}$$

[2]Bronstein I A, Semendjajew K A (2012) Taschenbuch der Mathematik, Harri Deutsch, Thun und Frankfurt (Main)

$$\overline{x(t)} = \frac{1}{T} \cdot \int_0^T x(t)\, dt$$

$$= \frac{1}{1} \cdot \int_0^1 \left| \sin\left(2 \cdot \pi \cdot \frac{1}{2} \cdot t\right) \right|\, dt$$

$$= \int_0^1 \sin(\pi \cdot t)\, dt$$

$$= \frac{1}{\pi} \cdot \left[-\cos(\pi \cdot t) \right]_0^1 \qquad \leftarrow \text{Bronstein}[3]\ \text{Integral Nr. 274}$$

$$= \frac{1}{\pi} \cdot \left[-\cos(\pi \cdot 1) + \cos(\pi \cdot 0) \right]$$

$$= \frac{1}{\pi} \cdot \left[-(-1) + 1 \right]$$

$$= \frac{2}{\pi}$$

$$\approx \underline{\underline{0.64}}$$

$$S^2 = \frac{1}{T} \cdot \int_0^T x^2(t)\, dt$$

$$= \frac{1}{1} \cdot \int_0^1 \left| \sin\left(2 \cdot \pi \cdot \frac{1}{2} \cdot t\right) \right|^2\, dt$$

$$= \int_0^1 \sin^2(\pi \cdot t)\, dt$$

$$= \left[\frac{1}{2} \cdot t - \frac{1}{4 \cdot \pi} \cdot \sin(2 \cdot \pi \cdot t) \right]_0^1 \qquad \leftarrow \text{Bronstein}[4]\ \text{Integral Nr. 275}$$

$$= \underline{\underline{0.5}}$$

$$S = \frac{1}{\sqrt{2}}$$

$$\approx \underline{\underline{0.71}}$$

---

[3]Bronstein I A, Semendjajew K A (2012) Taschenbuch der Mathematik, Harri Deutsch, Thun und Frankfurt (Main)

[4]Bronstein I A, Semendjajew K A (2012) Taschenbuch der Mathematik, Harri Deutsch, Thun und Frankfurt (Main)

d)

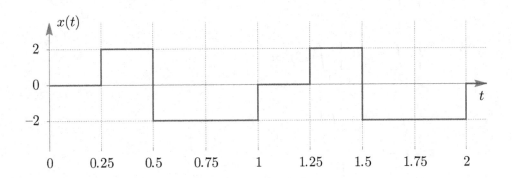

$$x(t) = \begin{cases} 0 & \text{falls} & t \le 0.25 \\ 2 & \text{falls} & 0.25 < t \le 0.5 \\ -2 & \text{sonst} \end{cases} \quad \text{für } t \in (0|1) \text{ und periodisch mit } T = \underline{\underline{1}}$$

$$\overline{x(t)} = \frac{1}{T} \cdot \int_0^T x(t)\, dt$$

$$= \frac{1}{1} \cdot \int_{0.25}^{0.5} 2\, dt + \frac{1}{1} \cdot \int_{0.5}^1 (-2)\, dt$$

$$= 2 \cdot \int_{0.25}^{0.5} 1\, dt - 2 \cdot \int_{0.5}^1 1\, dt$$

$$= 2 \cdot \Big[t\Big]_{0.25}^{0.5} - 2 \cdot \Big[t\Big]_{0.5}^1$$

$$= 2 \cdot \Big[0.5 - 0.25\Big] - 2 \cdot \Big[1 - 0.5\Big]$$

$$= 2 \cdot \Big[0.25\Big] - 2 \cdot \Big[0.5\Big]$$

$$= \underline{\underline{-0.5}}$$

$$S^2 = \frac{1}{T} \cdot \int\limits_0^T x^2(t)\, dt$$

$$= \frac{1}{1} \cdot \int\limits_{0.25}^{0.5} 2^2 \, dt + \frac{1}{1} \cdot \int\limits_{0.5}^{1} (-2)^2 \, dt$$

$$= 4 \cdot \int\limits_{0.25}^{0.5} 1 \, dt + 4 \cdot \int\limits_{0.5}^{1} 1 \, dt$$

$$= 4 \cdot \Big[t \Big]_{0.25}^{0.5} + 4 \cdot \Big[t \Big]_{0.5}^{1}$$

$$= 4 \cdot \Big[0.5 - 0.25 \Big] + 4 \cdot \Big[1 - 0.5 \Big]$$

$$= 4 \cdot \Big[0.25 \Big] + 4 \cdot \Big[0.5 \Big]$$

$$= \underline{\underline{3}}$$

$$S = \sqrt{3}$$

$$\approx \underline{\underline{1.73}}$$

e)

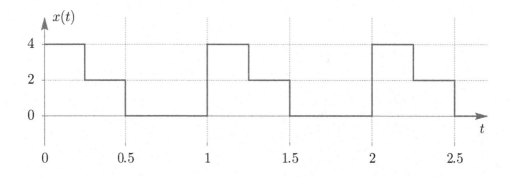

$$x(t) = \begin{cases} 4 & \text{falls} \quad t \leq 0.25 \\ 2 & \text{falls} \quad 0.25 < t \leq 0.5 \quad \text{für } t \in (0|1) \text{ und periodisch mit } T = \underline{\underline{1}} \\ 0 & \text{sonst} \end{cases}$$

$$\overline{x(t)} = \frac{1}{T} \cdot \int\limits_{0}^{T} x(t)\, dt$$

$$= \frac{1}{1} \cdot \int\limits_{0}^{0.25} 4\, dt + \frac{1}{1} \cdot \int\limits_{0.25}^{0.5} 2\, dt$$

$$= 4 \cdot \int\limits_{0}^{0.25} 1\, dt + 2 \cdot \int\limits_{0.25}^{0.5} 1\, dt$$

$$= 4 \cdot \Big[t\Big]_{0}^{0.25} + 2 \cdot \Big[t\Big]_{0.25}^{0.5}$$

$$= 4 \cdot \Big[0.25 - 0\Big] + 2 \cdot \Big[0.5 - 0.25\Big]$$

$$= 4 \cdot \Big[0.25\Big] + 2 \cdot \Big[0.25\Big]$$

$$= \underline{\underline{1.5}}$$

$$S^2 = \frac{1}{T} \cdot \int\limits_{0}^{T} x^2(t)\, dt$$

$$= \frac{1}{1} \cdot \int\limits_{0}^{0.25} 4^2\, dt + \frac{1}{1} \cdot \int\limits_{0.25}^{0.5} 2^2\, dt$$

$$= \int\limits_{0}^{0.25} 16\, dt + \int\limits_{0.25}^{0.5} 4\, dt$$

$$= 16 \cdot \int\limits_{0}^{0.25} 1\, dt + 4 \cdot \int\limits_{0.25}^{0.5} 1\, dt$$

$$= 16 \cdot \Big[t\Big]_{0}^{0.25} + 4 \cdot \Big[t\Big]_{0.25}^{0.5}$$

$$= 16 \cdot \Big[0.25 - 0\Big] + 4 \cdot \Big[0.5 - 0.25\Big]$$

$$= 16 \cdot \Big[0.25\Big] + 4 \cdot \Big[0.25\Big]$$

$$= \underline{\underline{5}}$$

$$S = \sqrt{5}$$

$$\approx \underline{\underline{2.24}}$$

f)

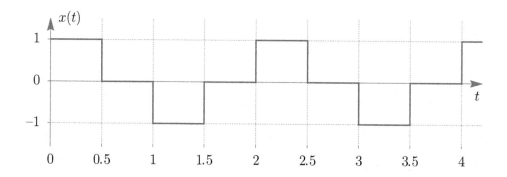

$$x(t) = \begin{cases} 1 & \text{falls} & t \le 0.5 \\ -1 & \text{falls} & 1 < t \le 1.5 \\ 0 & \text{sonst} \end{cases} \quad \text{für } t \in (0|2) \text{ und periodisch mit } T = \underline{\underline{2}}$$

$$\overline{x(t)} = \frac{1}{T} \cdot \int\limits_0^T x(t) \, dt$$

$$= \frac{1}{2} \cdot \int\limits_0^{0.5} 1 \, dt + \frac{1}{2} \cdot \int\limits_1^{1.5} (-1) \, dt$$

$$= \frac{1}{2} \cdot \int\limits_0^{0.5} 1 \, dt - \frac{1}{2} \cdot \int\limits_1^{1.5} 1 \, dt$$

$$= \frac{1}{2} \cdot \left[t \right]_0^{0.5} - \frac{1}{2} \cdot \left[t \right]_1^{1.5}$$

$$= \frac{1}{2} \cdot \left[0.5 - 0 \right] - \frac{1}{2} \cdot \left[1.5 - 1 \right]$$

$$= \frac{1}{2} \cdot \left[0.5 \right] - \frac{1}{2} \cdot \left[0.5 \right]$$

$$= \underline{\underline{0}}$$

$$S^2 = \frac{1}{T} \cdot \int_0^T x^2(t)\, dt$$

$$= \frac{1}{2} \cdot \int_0^{0.5} 1^2\, dt + \frac{1}{2} \cdot \int_1^{1.5} (-1)^2\, dt$$

$$= \frac{1}{2} \cdot \int_0^{0.5} 1\, dt + \frac{1}{2} \cdot \int_1^{1.5} 1\, dt$$

$$= \frac{1}{2} \cdot \left[t \right]_0^{0.5} + \frac{1}{2} \cdot \left[t \right]_1^{1.5}$$

$$= \frac{1}{2} \cdot \left[0.5 - 0 \right] + \frac{1}{2} \cdot \left[1.5 - 1 \right]$$

$$= \frac{1}{2} \cdot \left[0.5 \right] + \frac{1}{2} \cdot \left[0.5 \right]$$

$$= \underline{0.5}$$

$$S = \sqrt{\frac{1}{2}}$$

$$\approx \underline{\underline{0.71}}$$

g)

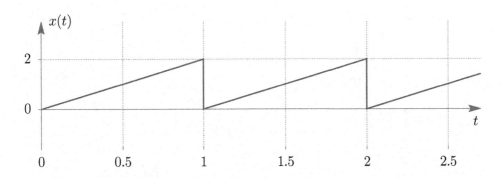

$$x(t) = 2 \cdot t \qquad \text{für } t \in (0|1) \text{ und periodisch mit } T = \underline{1}$$

$$\overline{x(t)} = \frac{1}{T} \cdot \int_0^T x(t)\, dt$$

$$= \frac{1}{1} \cdot \int_0^1 2 \cdot t\, dt$$

$$= 2 \cdot \int_0^1 t\, dt$$

$$= 2 \cdot \left[\frac{1}{2} \cdot t^2 \right]_0^1$$

$$= \left[1^2 - 0^2 \right]$$

$$= \underline{\underline{1}}$$

$$S^2 = \frac{1}{T} \cdot \int_0^T x^2(t)\, dt$$

$$= \frac{1}{1} \cdot \int_0^1 (2 \cdot t)^2\, dt$$

$$= \frac{4}{1} \cdot \int_0^1 t^2\, dt$$

$$= \frac{4}{1} \cdot \left[\frac{1}{3} \cdot t^3 \right]_0^1$$

$$= \frac{4}{3} \cdot \left[1^3 - 0^3 \right]$$

$$= \frac{4}{3} \cdot \left[1 - 0 \right]$$

$$= \underline{\underline{\frac{4}{3}}}$$

$$S = \frac{2}{\sqrt{3}}$$

$$\approx \underline{\underline{1.15}}$$

h)

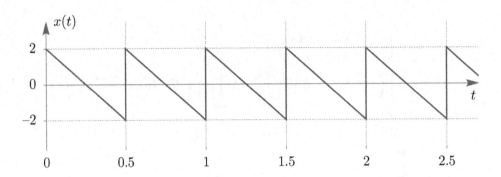

$$x(t) = -\frac{4}{0.5} \cdot t + 2$$

$$= \underline{\underline{-8 \cdot t + 2}} \qquad \text{für } t \in (0|0.5)\text{und periodisch mit } T = \underline{\underline{0.5}}$$

$$\overline{x(t)} = \frac{1}{T} \cdot \int_0^T x(t)\, dt$$

$$= \frac{1}{0.5} \cdot \int_0^{0.5} -8 \cdot t + 2\, dt$$

$$= 2 \cdot \left[-8 \cdot \frac{1}{2}t^2 + 2 \cdot t \right]_0^{0.5}$$

$$= 2 \cdot \left[\left(-4 \cdot 0.5^2 + 2 \cdot 0.5\right) - \left(-4 \cdot 0^2 + 2 \cdot 0\right) \right]$$

$$= 2 \cdot \left[0 - 0 \right]$$

$$= \underline{\underline{0}}$$

$$S^2 = \frac{1}{T} \cdot \int_0^T x^2(t)\, dt$$

$$= \frac{1}{0.5} \cdot \int_0^{0.5} (2 - 8 \cdot t)^2\, dt$$

$$= 2 \cdot \int_{0}^{0.5} 4 - 32 \cdot t + 64 \cdot t^2 \, dt$$

$$= 2 \cdot \left[4 \cdot t - \frac{32}{2} \cdot t^2 + \frac{64}{3} \cdot t^3 \right]_0^{0.5}$$

$$= 2 \cdot \left[\left(4 \cdot 0.5 - 16 \cdot 0.5^2 + \frac{64}{3} \cdot 0.5^3 \right) - \left(4 \cdot 0 - 16 \cdot 0^2 + \frac{64}{3} \cdot 0^3 \right) \right]$$

$$= 2 \cdot \left[2 - 4 + \frac{8}{3} - 0 \right]$$

$$= \underline{\underline{\frac{4}{3}}}$$

$$S = \frac{2}{\sqrt{3}}$$

$$\approx \underline{\underline{1.15}}$$

Fourier-Reihe

2

Zusammenfassung

Die Berechnung des Ausgangssignals eines passiven elektrischen Netzwerks bei Erregung mit **sinus- bzw. kosinusförmigen Eingangssignalen** kann in der Regel mit Hilfe der Methode der reellen bzw. komplexen Wechselstromrechnung erfolgen.

Mit Hilfe der **Fourier-Reihe** können **beliebige periodische** Signale auf sinus- bzw. kosinusförmige Signale zurückgeführt werden. Damit ist dann die Berechnung des Ausgangssignals eines passiven elektrischen Netzwerks für beliebige periodische Signale möglich, indem die Ausgangssignale für die einzelnen Komponenten einzeln berechnet und schließlich durch Addition zum gesamten Ausgangssignal zusammengefügt werden (Superpositionsprinzip).

Jedes periodische Signal kann in eine **reelle** und eine **komplexe Fourier-Reihe** zerlegt werden. Reelle Fourier-Reihen werden im folgenden Abschn. 2.1 besprochen, komplexe Fourier-Reihen in Abschn. 2.4.

2.1 Reelle Fourier-Reihe

Jedes **periodische** Signal $s(t)$ mit der Periode T d. h.

$$s(t) = s(t + uT); \qquad u \in \mathbb{Z}$$

das die beiden folgenden Bedingungen erfüllt:

- $s(t)$ ist stückweise stetig mit endlich vielen Sprungstellen im Intervall T
- $\int\limits_{0}^{\infty} |s(t)| dt < \infty$

© Springer Fachmedien Wiesbaden GmbH, ein Teil von Springer Nature 2020
Bernhard Rieß und Christoph Wallraff, *Übungsbuch Signale und Systeme*,
https://doi.org/10.1007/978-3-658-30371-6_2

kann in die zugehörige **Fourier-Reihe** zerlegt werden:

$$s(t) = \frac{a_0}{2} + \sum_{n=1}^{\infty} a_n \cdot \cos(n\omega_0 t) + \sum_{n=1}^{\infty} b_n \cdot \sin(n\omega_0 t)$$

$$= \frac{a_0}{2} + \sum_{n=1}^{\infty} a_n \cdot \cos(n\omega_0 t) + b_n \cdot \sin(n\omega_0 t)$$

$$= \frac{s_0}{2} + \sum_{n=1}^{\infty} \hat{s}_n \cdot \cos(n\omega_0 t - \varphi_n)$$

mit:

$$\hat{s}_n = \sqrt{a_n^2 + b_n^2}$$

$$\varphi_n = \arctan\left(\frac{b_n}{a_n}\right)$$

und den reellen **Fourier-Koeffizienten**:

$$a_0 = \frac{2}{T} \int_0^T s(t)\, \mathrm{d}t$$

$$a_n = \frac{2}{T} \int_0^T s(t) \cdot \cos(n\omega_0 t)\, \mathrm{d}t$$

$$b_n = \frac{2}{T} \int_0^T s(t) \cdot \sin(n\omega_0 t)\, \mathrm{d}t$$

Dabei ist:

a) $\frac{a_0}{2} = \overline{s(t)}$: Gleichanteil (Mittelwert)

b) Integration immer über die ganze Periode, egal welcher Anfangs- und Endpunkt gewählt wird. Zum Beispiel:

$$\int_{-\frac{T}{2}}^{+\frac{T}{2}} s(t)\, \mathrm{d}t \qquad \text{o. ä. geht auch.}$$

Ausnutzen von **Symmetrieeigenschaften**:

1. Falls $s(t)$ eine **gerade** Funktion ist, also $s(t) = s(-t)$, müssen nur die Koeffizienten a_n berechnet werden. Die Koeffizienten b_n verschwinden, d. h. sie sind 0.
2. Falls $s(t)$ eine **ungerade** Funktion ist, also $s(t) = -s(-t)$, müssen nur die Koeffizienten b_n berechnet werden. Die Koeffizienten a_n verschwinden, d. h. sie sind 0.

Dabei gelten folgende **Rechenregeln**. Die Funktionen $g(t)$ seien gerade Funktionen, die Funktionen $u(t)$ seien ungerade Funktionen:

1. $g_1(t) \cdot g_2(t) = g(t)$
2. $u_1(t) \cdot u_2(t) = g(t)$
3. $g_1(t) \cdot u_2(t) = u(t)$
4. $\int\limits_{-\tau}^{+\tau} u(t) \, \mathrm{d}t = 0$
5. $\int\limits_{-\tau}^{+\tau} g(t) \, \mathrm{d}t = 2 \cdot \int\limits_{0}^{+\tau} g(t) \, \mathrm{d}t$

2.2 Übungsaufgaben zur reellen Fourier-Reihe

Aufgabe 1

Gegeben ist der folgende Signalverlauf von $s(t)$:

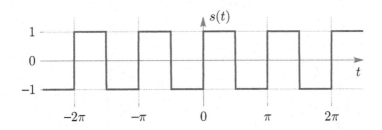

a) Berechnen Sie den reellen Fourier-Koeffizienten a_0.
b) Berechnen Sie die reellen Fourier-Koeffizienten a_n.
c) Berechnen Sie die reellen Fourier-Koeffizienten b_n.
d) Entwickeln und skizzieren Sie die reelle Fourier-Reihe $s_{r3}(t)$ bis $n = 3$.

Aufgabe 2

Gegeben ist der folgende Signalverlauf von $s(t)$:

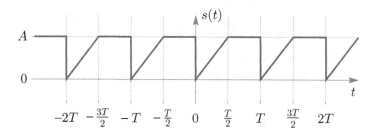

a) Berechnen Sie den reellen Fourier-Koeffizienten a_0.
b) Berechnen Sie die reellen Fourier-Koeffizienten a_n.
c) Berechnen Sie die reellen Fourier-Koeffizienten b_n.
d) Entwickeln Sie die reelle Fourier-Reihe $s_{r2}(t)$ bis $n = 2$.

2.3   Musterlösungen zur reellen Fourier-Reihe

Lösung zur Aufgabe 1

a)

$$a_0 = \frac{2}{T} \int_0^T s(t)\, dt \qquad \text{mit: } T = \pi$$

$$= \frac{2}{\pi} \int_{-\frac{\pi}{2}}^{+\frac{\pi}{2}} s(t)\, dt$$

$$= \frac{2}{\pi} \int_{-\frac{\pi}{2}}^{0} (-1)\, dt + \frac{2}{\pi} \int_0^{\frac{\pi}{2}} 1\, dt$$

$$= \frac{2}{\pi} \cdot \left[-t\right]_{-\frac{\pi}{2}}^{0} + \frac{2}{\pi} \cdot \left[t\right]_0^{\frac{\pi}{2}}$$

$$= \frac{2}{\pi} \left[0 - \frac{\pi}{2}\right] + \frac{2}{\pi} \left[\frac{\pi}{2} - 0\right]$$

$$= -1 + 1$$

$$= \underline{\underline{0}} \qquad \text{(ungerade Funktion und symmetrische Integrationsgrenzen)}$$

b)

$$a_n = \frac{2}{T} \int_0^T s(t) \cdot \cos(n\omega_0 t) \, dt$$

$$\underline{\underline{= 0}} \qquad \text{(ungerade Funktion und symmetrische Integrationsgrenzen)}$$

c)

$$b_n = \frac{2}{T} \int_0^T s(t) \cdot \sin(n\omega_0 t) \, dt \qquad \text{mit: } T = \pi \quad \text{und} \quad \omega_0 = \frac{2\pi}{T} = \frac{2\pi}{\pi} = 2$$

$$= \frac{2}{\pi} \int_0^\pi s(t) \cdot \sin(2nt) \, dt$$

$$= 2 \cdot \frac{2}{\pi} \cdot \int_0^{\frac{\pi}{2}} 1 \cdot \sin(2nt) \, dt \qquad \leftarrow \text{Produkt zweier ungerader Funktionen ergibt}$$

$$\text{gerade Funktion; sym. Integrationsgrenzen}$$

$$= \frac{4}{\pi} \int_0^{\frac{\pi}{2}} \sin(2nt) \, dt$$

$$= \frac{4}{\pi} \cdot -\frac{1}{2n} \left[\cos(2nt) \right]_{t=0}^{t=\frac{\pi}{2}} \qquad \leftarrow \text{Bronstein[1] Integral Nr. 274}$$

$$= -\frac{2}{\pi n} \left[\cos(2n \cdot \frac{\pi}{2}) - \cos(0) \right]$$

$$= -\frac{2}{\pi n} \left[\cos(\pi n) - 1 \right]$$

$$= \frac{2}{\pi n} \left[1 - \cos(\pi n) \right]$$

$$= \frac{2}{\pi n} \left[1 - (-1)^n \right]$$

$$= \begin{cases} 0 & \text{falls } n = 2, 4, 6, \ldots \\ \frac{4}{\pi n} & \text{sonst} \end{cases}$$

[1] Bronstein I A, Semendjajew K A (2012) Taschenbuch der Mathematik, Harri Deutsch, Thun und Frankfurt (Main)

d)

$$s_{r3}(t) = \frac{a_0}{2} + a_1 \cdot \cos(1 \cdot \omega_0 t) + b_1 \cdot \sin(1 \cdot \omega_0 t) + a_2 \cdot \cos(2 \cdot \omega_0 t)$$

$$+ b_2 \cdot \sin(2 \cdot \omega_0 t) + a_3 \cdot \cos(3 \cdot \omega_0 t) + b_3 \cdot \sin(3 \cdot \omega_0 t)$$

mit: $a_0 = 0, a_n = 0$, und $b_n = 0$ für gerade n

$$= b_1 \cdot \sin(\omega_0 t) + b_3 \cdot \sin(3\omega_0 t)$$

$$= \frac{4}{\pi} \cdot \sin(2t) + \frac{4}{3\pi} \cdot \sin(6t)$$

$$\approx \underline{\underline{1{,}3 \cdot \sin(2t) + 0{,}4 \cdot \sin(6t)}}$$

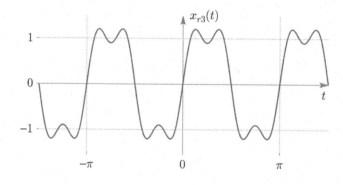

Lösung zur Aufgabe 2

a)

$$a_0 = \frac{2}{T} \int_0^T s(t)\, dt$$

$$= \frac{2}{T} \int_0^{\frac{T}{2}} \frac{2A}{T} \cdot t\, dt + \frac{2}{T} \int_{\frac{T}{2}}^T A\, dt$$

$$= \frac{4A}{T^2} \left[\frac{1}{2} t^2 \right]_0^{\frac{T}{2}} + \frac{2A}{T} \left[t \right]_{\frac{T}{2}}^T$$

$$= \frac{4A}{T^2}\left[\frac{1}{2}\cdot\frac{T^2}{4}\right] + \frac{2A}{T}\left[T - \frac{T}{2}\right]$$

$$= \frac{4A}{\cancel{T^2}}\cdot\frac{\cancel{T^2}}{8} + \frac{\cancel{2}A}{\cancel{T}}\cdot\frac{\cancel{T}}{\cancel{2}}$$

$$= \frac{1}{2}A + A$$

$$= \underline{\underline{\frac{3}{2}A}}$$

b)

$$a_n = \frac{2}{T}\int\limits_0^T s(t)\cdot\cos(n\omega_0 t)\,\mathrm{d}t$$

$$= \frac{2}{T}\int\limits_0^{\frac{T}{2}} \frac{2A}{T}\cdot t\cdot\cos(n\omega_0 t)\,\mathrm{d}t + \frac{2}{T}\int\limits_{\frac{T}{2}}^T A\cdot\cos(n\omega_0 t)\,\mathrm{d}t$$

$$= \frac{4A}{T^2}\int\limits_0^{\frac{T}{2}} t\cdot\cos(n\omega_0 t)\,\mathrm{d}t + \frac{2A}{T}\int\limits_{\frac{T}{2}}^T \cos(n\omega_0 t)\,\mathrm{d}t \qquad \text{Partielle Integration s. u.}$$

$$= \frac{2A}{T}\cdot\frac{1}{n\omega_0}\left[\sin(n\omega_0 t)\right]_{\frac{T}{2}}^T + \frac{4A}{T^2}\left[\frac{1}{n\omega_0}[t\cdot\sin(n\omega_0 t)]_0^{\frac{T}{2}} - \frac{1}{n\omega_0}\int\limits_0^{\frac{T}{2}}\sin(n\omega_0 t)\,\mathrm{d}t\right]$$

$$= \frac{2A}{T\cdot n\omega_0}\left[\underbrace{\sin\left(n\cdot\frac{2\pi}{T}\cdot T\right)}_{=0} - \underbrace{\sin\left(n\cdot\frac{2\pi}{T}\cdot\frac{T}{2}\right)}_{=0}\right]$$

$$+ \frac{4A}{T^2}\left[\frac{1}{n\omega_0}\left[\frac{T}{2}\cdot\underbrace{\sin\left(n\cdot\frac{2\pi}{T}\cdot\frac{T}{2}\right)}_{=0}\right] - \frac{1}{n\omega_0}\cdot\frac{1}{n\omega_0}\cdot(-1)[\cos(n\omega_0 t)]_0^{\frac{T}{2}}\right]$$

$$= \frac{4A}{T^2}\left[\frac{T^2}{n^2 4\pi^2}\left[\cos(n\cdot\frac{2\pi}{\cancel{T}}\cdot\frac{\cancel{T}}{\cancel{2}}) - \cos(0)\right]\right]$$

$$= \frac{\cancel{4A}}{\cancel{T^2}} \cdot \frac{\cancel{T^2}}{n^2 \cancel{4} \pi^2} \cdot [\cos(n \cdot \pi) - 1]$$

$$= \frac{A}{n^2 \cdot \pi^2} \cdot [(-1)^n - 1]$$

$$= \begin{cases} -\frac{2A}{n^2 \pi^2} & \text{falls } n = 1, 3, 5, \ldots \\ 0 & \text{sonst} \end{cases}$$

Partielle Integration: $\displaystyle\int_a^b f'(x) \cdot g(x)\, dx = [f(x) \cdot g(x)]_a^b - \int_a^b f(x) \cdot g'(x)\, dx$

c)

$$b_n = \frac{2}{T} \int_0^T s(t) \cdot \sin(n\omega_0 t)\, dt$$

$$= \frac{4A}{T^2} \int_0^{\frac{T}{2}} t \cdot \sin(n\omega_0 t)\, dt + \frac{2A}{T} \int_{\frac{T}{2}}^T \sin(n\omega_0 t)\, dt \qquad \text{Partielle Integration}$$

$$= -\frac{2A}{T} \cdot \frac{1}{n\omega_0} \left[\cos(n\omega_0 t)\right]_{\frac{T}{2}}^T + \frac{4A}{T^2} \cdot \left[\frac{-1}{n\omega_0} \left[\cos(n\omega_0 t) \cdot t\right]_0^{\frac{T}{2}} - \frac{-1}{n\omega_0} \int_0^{\frac{T}{2}} \cos(n\omega_0 t)\, dt \right]$$

$$= -\frac{2A}{Tn\omega_0} \left[\cos\left(n\frac{2\pi}{T}T\right) - \cos\left(n\frac{2\pi}{T} \cdot \frac{T}{2}\right) \right]$$
$$+ \frac{4A}{T^2} \left[-\frac{1}{n\omega_0} \cdot \frac{T}{2} \cdot \cos\left(n\frac{2\pi}{T} \cdot \frac{T}{2}\right) + \frac{1}{n^2\omega_0^2} \left[\sin(n\omega_0 t)\right]_0^{\frac{T}{2}} \right]$$

$$= -\frac{2A}{Tn\omega_0} [1 - (-1)^n] + \frac{4A}{T^2} \left[-\frac{T \cdot T}{n \cdot 2\pi \cdot 2} \cdot (-1)^n + \frac{T^2}{n^2(2\pi)^2} \underbrace{\left[\sin\left(n\frac{2\pi}{T} \cdot \frac{T}{2}\right)\right]}_{=0} \right]$$

$$= -\frac{2 \cdot A \cdot \cancel{T}}{\cancel{T} \cdot n \cdot \cancel{2}\pi} [1 - (-1)^n] + \frac{\cancel{4}A}{\cancel{T^2}} \cdot \frac{-\cancel{T^2}}{n\cancel{4}\pi} (-1)^n$$

$$= -\frac{A}{n\pi} + \frac{A}{n\pi}(-1)^n - \frac{A}{n\pi}(-1)^n$$

$$= -\frac{A}{n\pi}$$

d)

$$x_{r2}(t) = \frac{a_0}{2} + a_1 \cdot \cos(\omega_0 t) + b_1 \cdot \sin(\omega_0 t) + a_2 \cdot \cos(2\omega_0 t) + b_2 \cdot \sin(2\omega_0 t)$$

$$= \frac{3}{4}A - \frac{2A}{\pi^2} \cdot \cos(\omega_0 t) - \frac{A}{\pi} \sin(\omega_0 t) + 0 - \frac{A}{2\pi} \cdot \sin(2\omega_0 t)$$

$$= \underline{\underline{\frac{3}{4}A - \frac{2A}{\pi^2} \cdot \cos(\omega_0 t) - \frac{A}{\pi} \sin(\omega_0 t) - \frac{A}{2\pi} \cdot \sin(2\omega_0 t)}}$$

2.4 Komplexe Fourier-Reihe

Die reelle Fourier-Reihe

$$s(t) = \frac{a_0}{2} + \sum_{n=1}^{\infty} a_n \cdot \cos(n\omega_0 t) + \sum_{n=1}^{\infty} b_n \cdot \sin(n\omega_0 t)$$

kann mit Hilfe der Eulerschen Formeln

$$\sin(x) = \frac{1}{2j} \cdot (e^{jx} - e^{-jx}) \qquad \cos(x) = \frac{1}{2} \cdot (e^{jx} + e^{-jx})$$

in die Form

$$s(t) = \frac{a_0}{2} + \sum_{n=1}^{\infty} \frac{a_n - j b_n}{2} \cdot e^{jn\omega_0 t} + \sum_{n=1}^{\infty} \frac{a_n + j b_n}{2} \cdot e^{-jn\omega_0 t}$$

gebracht werden.

Mit den Vereinbarungen:

$$\underline{c}_0 = \frac{a_0}{2}$$

$$\underline{c}_n = \frac{a_n - j b_n}{2}$$

$$\underline{c}_{-n} = \frac{a_n + j b_n}{2} = \underline{c}_n^*$$

können die **komplexen** Fourier-Koeffizienten $\underline{c}_n$ direkt aus den reellen Fourier-Koeffizienten a_0, a_n und b_n berechnet werden.

Damit gilt dann:

$$s(t) = \underline{c}_0 + \sum_{n=1}^{\infty} \underline{c}_n \cdot e^{jn\omega_0 t} + \sum_{n=1}^{\infty} \underline{c}_{-n} \cdot e^{-jn\omega_0 t}$$

Durch Zusammenfassen der beiden Summen erhält man die komplexe Fourier-Reihe:

$$s(t) = \sum_{n=-\infty}^{+\infty} \underline{c}_n \cdot e^{jn\omega_0 t}$$

Die komplexen Fourier-Koeffizienten $\underline{c}_n$ können entweder aus den reellen Fourier-Koeffizienten (siehe oben) oder direkt aus:

$$\underline{c}_0 = \frac{a_0}{2} = \frac{1}{T} \int_0^T s(t)\, dt$$

$$\underline{c}_n = \frac{1}{T} \int_0^T s(t) \cdot e^{-jn\omega_0 t}\, dt \qquad n \in \mathbb{Z}$$

berechnet werden.

2.5   Übungsaufgaben zur komplexen Fourier-Reihe

Aufgabe 1

Gegeben ist der folgende Signalverlauf:

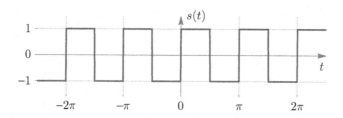

a) Berechnen Sie die komplexen Fourier-Koeffizienten $\underline{c}_n$ und $\underline{c}_0$ aus den reellen Koeffizienten. (Sie können dafür die Ergebnisse aus Aufgabe 1 in Abschn. 2.2 nutzen.)

b) Berechnen Sie die komplexen Fourier-Koeffizienten $\underline{c}_n$ direkt – ohne Umweg über die reellen Fourier-Koeffizienten.

c) Entwickeln Sie die komplexe Fourier-Reihe $s_c(t)$ für $n = -3, -2, -1, 0, 1, 2, 3$.

Aufgabe 2

Gegeben ist der folgende Signalverlauf:

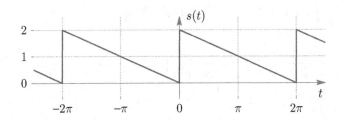

a) Berechnen Sie die komplexen Fourier-Koeffizienten $\underline{c}_n$.

b) Berechnen Sie den komplexen Fourier-Koeffizienten $\underline{c}_0$.

c) Skizzieren Sie das Linienspektrum $|\underline{c}_n|$ für $n = -3, -2, -1, 0, 1, 2, 3$.

d) Entwickeln Sie die komplexe Fourier-Reihe $s_c(t)$ für $n = -2, -1, 0, 1, 2$.

2.6 Musterlösungen zur komplexen Fourier-Reihe

Lösung zur Aufgabe 1

a)

$$a_0 = 0$$

$$a_n = 0$$

$$b_n = \frac{2}{n\pi}(1 - \cos(n\pi))$$

$$\Rightarrow \underline{c}_0 = \frac{a_0}{2} = \underline{\underline{0}}$$

$$\Rightarrow \underline{c}_n = \frac{a_n - \mathrm{j}\, b_n}{2} = \frac{0 - \mathrm{j}\frac{2}{n\pi}(1 - \cos(\pi n))}{2} = \underline{\underline{\frac{1 - \cos(\pi n)}{\mathrm{j}\, n\pi}}}$$

b)

$$\underline{c}_n = \frac{1}{T} \int_0^T s(t) \cdot e^{-jn\omega_0 t} \, dt \qquad\qquad \text{mit } \omega_0 = \frac{2\pi}{T} = 2$$

$$= \frac{1}{\pi} \int_0^\pi s(t) \cdot e^{-jn2t} \, dt$$

$$= \frac{1}{\pi} \int_{-\frac{\pi}{2}}^0 (-1) \cdot e^{-jn2t} \, dt + \frac{1}{\pi} \int_0^{\frac{\pi}{2}} 1 \cdot e^{-jn2t} \, dt$$

$$= -\frac{1}{\pi} \cdot \frac{-1}{j\,2n} \left[e^{-jn2t} \right]_{-\frac{\pi}{2}}^0 + \frac{1}{\pi} \cdot \frac{-1}{j\,2n} \left[e^{-jn2t} \right]_0^{\frac{\pi}{2}}$$

$$= \frac{1}{j\,2\pi n} \cdot \left[1 - e^{jn\pi} \right] - \frac{1}{j\,2\pi n} \cdot \left[e^{-jn\pi} - 1 \right]$$

$$= \frac{1}{j\,2\pi n} \cdot e^{jn\frac{\pi}{2}} \left[e^{-jn\frac{\pi}{2}} - e^{jn\frac{\pi}{2}} \right] - \frac{1}{j\,2\pi n} \cdot e^{-jn\frac{\pi}{2}} \left[e^{-jn\frac{\pi}{2}} - e^{jn\frac{\pi}{2}} \right]$$

$$= \frac{1}{j\,2\pi n} \cdot e^{jn\frac{\pi}{2}} (-2j) \cdot \sin\left(n\frac{\pi}{2} \right) - \frac{1}{j\,2\pi n} \cdot e^{-jn\frac{\pi}{2}} (-2j) \cdot \sin(n\frac{\pi}{2})$$

$$= \frac{1}{j\,2\pi n} \cdot (-2j) \cdot \sin\left(n\frac{\pi}{2} \right) \cdot (e^{jn\frac{\pi}{2}} - e^{-jn\frac{\pi}{2}})$$

$$= -\frac{2j}{j\,2\pi n} \cdot \sin\left(n\frac{\pi}{2} \right) \cdot (2j) \cdot \sin\left(n\frac{\pi}{2} \right)$$

$$= \frac{4}{j\pi n2} \cdot \sin^2\left(n\frac{\pi}{2} \right)$$

$$= \frac{2}{j\,\pi n} \cdot \frac{1 - \cos(2n\frac{\pi}{2})}{2}$$

$$= \underline{\underline{\frac{1 - \cos(n\pi)}{j\,\pi n}}}$$

c)

$$s_c(t) = \underline{c}_0 + \underline{c}_1 \cdot e^{j1 \cdot 2 \cdot t} + \underline{c}_{-1} \cdot e^{j(-1) \cdot 2 \cdot t} + \underline{c}_2 \cdot e^{j2 \cdot 2 \cdot t} + \underline{c}_{-2} \cdot e^{j(-2) \cdot 2 \cdot t} +$$

$$\quad \underline{c}_3 \cdot e^{j \cdot 3 \cdot 2 \cdot t} + \underline{c}_{-3} \cdot e^{j(-3) \cdot 2 \cdot t}$$

$$= 0 + \frac{2}{j\pi} e^{j2t} + \frac{2}{-j\pi} e^{-j2t} + 0 + 0 + \frac{2}{j\pi 3} e^{j6t} + \frac{2}{-j\pi 3} e^{-j6t}$$

$$= \underline{\underline{\frac{2}{j\pi} e^{j2t} + \frac{2}{-j\pi} e^{-j2t} + \frac{2}{j\pi 3} e^{j6t} + \frac{2}{-j\pi 3} e^{-j6t}}}$$

Lösung zur Aufgabe 2

a)

$$\underline{c}_n = \frac{1}{T} \int\limits_0^T s(t) \cdot e^{-jn\omega_0 t} \, dt \qquad\qquad \text{mit } \omega_0 = \frac{2\pi}{T} = 1$$

$$= \frac{1}{2\pi} \int\limits_0^{2\pi} \left(2 - \frac{1}{\pi} t \right) \cdot e^{-jnt} \, dt$$

$$= \frac{1}{2\pi} \int\limits_0^{2\pi} 2\, e^{-jnt} \, dt + \frac{1}{2\pi} \int\limits_0^{2\pi} \left(-\frac{1}{\pi} \right) \cdot t \cdot e^{-jnt} \, dt$$

$$= \frac{1}{\pi} \cdot \frac{-1}{jn} \cdot \left[e^{-jnt} \right]_0^{2\pi} - \frac{1}{2\pi^2} \int\limits_0^{2\pi} t \cdot e^{-jnt} \, dt \qquad \text{partielle Integration}$$

$$= -\frac{1}{jn\pi} \left[\underbrace{e^{-jn2\pi}}_{=1} - 1 \right] - \frac{1}{2\pi^2} \left[\frac{-1}{jn} \cdot \left[t \cdot e^{-jnt} \right]_0^{2\pi} - \frac{-1}{jn} \int\limits_0^{2\pi} e^{-jnt} \, dt \right]$$

$$= -\frac{1}{jn\pi} [1 - 1] - \frac{1}{2\pi^2} \left[\frac{-1}{jn} \cdot \left[2\pi \cdot \underbrace{e^{-jn2\pi}}_{=1} \right] - \frac{-1}{jn} \cdot \frac{-1}{jn} \left[e^{-jnt} \right]_0^{2\pi} \right]$$

$$= -\frac{1}{2\pi^2} \left[-\frac{2\pi}{jn} - \frac{1}{(jn)^2} \left[\underbrace{e^{-jn2\pi}}_{=1} - 1 \right] \right]$$

$$= -\frac{1}{2\pi^2} \left[-\frac{2\pi}{jn} + \frac{1}{n^2} [1 - 1] \right]$$

$$= -\frac{1}{2\pi^2} \cdot \left(-\frac{2\pi}{jn} \right)$$

$$= \frac{2\pi}{2\pi^2 \, jn}$$

$$= \underline{\underline{\frac{1}{jn\pi}}}$$

b)

$$\underline{c}_0 = \frac{1}{T} \int_0^T s(t)\,\mathrm{d}t$$

$$= \frac{1}{2\pi} \int_0^{2\pi} \left(2 - \frac{1}{\pi}t\right)\mathrm{d}t$$

$$= \frac{1}{2\pi} \left[2t - \frac{1}{2\pi}t^2\right]_0^{2\pi}$$

$$= \frac{1}{2\pi} \left[2\cdot(2\pi) - \frac{1}{2\pi}(2\pi)^2 - 2\cdot 0 + \frac{1}{2\pi}0^2\right]$$

$$= \frac{1}{2\pi}[4\pi - 2\pi]$$

$$= \underline{\underline{1}}$$

c)

$$|\underline{c}_0| = 1$$

$$|\underline{c}_1| = \frac{1}{\pi} \approx 0{,}32$$

$$|\underline{c}_2| = \frac{1}{2\pi} \approx 0{,}16$$

$$|\underline{c}_3| = \frac{1}{3\pi} \approx 0{,}1$$

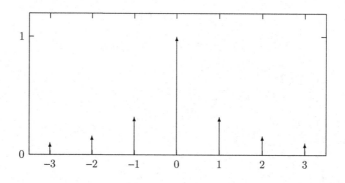

d)

$$s_c(t) = \underline{c}_0 + \underline{c}_1\cdot \mathrm{e}^{\mathrm{j}t} + \underline{c}_{-1}\cdot \mathrm{e}^{-\mathrm{j}t} + \underline{c}_2\cdot \mathrm{e}^{\mathrm{j}2t} + \underline{c}_{-2}\cdot \mathrm{e}^{-\mathrm{j}2t}$$

$$= 1 + \frac{1}{\mathrm{j}\,\pi}\cdot \mathrm{e}^{\mathrm{j}t} - \frac{1}{\mathrm{j}\,\pi}\cdot \mathrm{e}^{-\mathrm{j}t} + \frac{1}{\mathrm{j}\,2\pi}\cdot \mathrm{e}^{\mathrm{j}2t} - \frac{1}{\mathrm{j}\,2\pi}\cdot \mathrm{e}^{-\mathrm{j}2t}$$

$$= 1 + \frac{2}{\pi}\cdot \sin(t) + \frac{1}{\pi}\cdot \sin(2t)$$

Differentialgleichungen

3

Zusammenfassung

Der klassisch mathematische Lösungsweg zur Berechnung des Ausgangssignals eines linearen zeitinvarianten Systems bei gegebenem Eingangssignal ist die Lösung der zugehörigen Differentialgleichung (DGL). Dabei werden in einem ersten Schritt alle Element- und Kirchhoffschen Gleichungen der Schaltung aufgestellt. Die Lösung des entstandenen Gleichungssystems ergibt die Differentialgleichung des Systems ggf. mit dem anliegenden Eingangssignal bzw. dessen Ableitungen als Störglied. In diesem Kapitel werden die einfachsten in der Realität vorkommenden Differentialgleichungen gelöst, nämlich lineare Differentialgleichungen n-ter Ordnung mit konstanten Koeffizienten. Für diese wird ein Standard-Lösungsverfahren angegeben und in den folgenden Übungsaufgaben demonstriert. Mit Hilfe der gegebenen Randbedingungen kann der Wert der Konstanten des Standard-Lösungsverfahrens bestimmt werden, was schließlich zur finalen Lösung führt.

Der Lösungsweg im Detail:

1. Elementgleichungen aufstellen. Hier gilt:

    Widerstand: $u_R(t) = R \cdot i_R(t)$

    Induktivität: $u_L(t) = L \cdot \frac{di_L(t)}{dt}$

    Kapazität: $i_c(t) = C \cdot \frac{du_c(t)}{dt}$

2. Maschen- und Knotenpunktgleichungen entsprechend den Kirchhoffschen Regeln aufstellen.

© Springer Fachmedien Wiesbaden GmbH, ein Teil von Springer Nature 2020
Bernhard Rieß und Christoph Wallraff, *Übungsbuch Signale und Systeme*,
https://doi.org/10.1007/978-3-658-30371-6_3

3. Durch Auflösen des in 1. und 2. entstandenen Gleichungssystems nach der gesuchten Größe ergibt sich eine Differentialgleichung.
4. Lösen der Differentialgleichung.

Zur Lösung der Differentialgleichung kann für die hier behandelten **linearen Differentialgleichungen n-ter Ordnung mit konstanten Koeffizienten** folgendes aus der Mathematik bekannt Verfahren eingesetzt werden:

Differentialgleichung: $y^{(n)} + a_{n-1} \cdot y^{(n-1)} + \cdots + a_1 \cdot y^{(1)} + a_0 \cdot y^{(0)} = r(t)$

Zuerst wird die allgemeine Lösung der **homogenen** (d. h. für das Störglied $r(t)$ gilt $r(t) = 0$) linearen Differentialgleichung mit konstanten Koeffizienten bestimmt:

Homogene Differentialgleichung: $y^{(n)} + a_{n-1} \cdot y^{(n-1)} + \cdots + a_1 \cdot y^{(1)} + a_0 \cdot y^{(0)} = 0$

Dazu ergibt sich folgende **Charakteristische Gleichung**:

$$\lambda^n + a_{n-1} \cdot \lambda^{n-1} + \cdots + a_1 \cdot \lambda^1 + a_0 \cdot \lambda^0 = 0$$

Als nächstes werden die n Lösungen λ_i der charakteristischen Gleichung bestimmt. Für jede Lösung λ_i der charakteristischen Gleichung ergibt sich folgende Funktion y_i der Lösungsbasis der Differentialgleichung:

Lösung der charakteristischen Gleichung	Vielfachheit	Zugehörige Funktionen y_i der Lösungsbasis der DGL
λ_i	einfach	$y_i = e^{\lambda_i t}$
λ_i	k-fach	$y_i = e^{\lambda_i t}, t \cdot e^{\lambda_i t}, \cdots, t^{k-1} \cdot e^{\lambda_i t}$

Damit ergibt sich die **Allgemeine Lösung** der **homogenen** Differentialgleichung zu:

$$y_H = C_1 \cdot y_1 + C_2 \cdot y_2 + \cdots + C_i \cdot y_i + \cdots + C_n \cdot y_n \quad \text{mit:} \quad \lambda_i \in \mathbb{C}; \quad C_i \in \mathbb{C}$$

Anschließend wird die **spezielle** Lösung der **inhomogenen** (d. h. für Störglied $r(t)$ gilt $r(t) \neq 0$) linearen Differentialgleichung mit konstanten Koeffizienten bestimmt:

Hat die Störfunktion $r(t)$ die Form $r(t) = e^{st} \cdot P(t)$,

wobei $P(t)$ ein Polynom der Form $P(t) = A_0 + A_1 \cdot t + \cdots + A_m \cdot t^m$ ist, dann gibt es folgende **spezielle** Lösung y_S der inhomogenen Differentialgleichung:

Störfunktion $r(t)$	Ist s Lösung der char. Gleichung?	Ansatz einer speziellen Lösung der inhomogenen DGL
$e^{st} \cdot P(t)$	s ist nicht Lösung der char. Gleichung	$y_S = e^{st} \cdot Q(t)$
$e^{st} \cdot P(t)$	s ist k-fache Lösung der char. Gleichung	$y_S = t^k \cdot e^{st} \cdot Q(t)$
$e^{\alpha t} \cdot \cos(\beta t) \cdot P(t)$	$s = \alpha + j\beta$ ist nicht Lösung der char. Gleichung	$y_S = e^{\alpha t} \cdot$ $(Q(t) \cdot \cos(\beta t) + R(t) \cdot \sin(\beta t))$
$e^{\alpha t} \cdot \cos(\beta t) \cdot P(t)$	$s = \alpha + j\beta$ ist k-fache Lösung der char. Gleichung	$y_S = t^k \cdot e^{\alpha t} \cdot$ $(Q(t) \cdot \cos(\beta t) + R(t) \cdot \sin(\beta t))$
$e^{\alpha t} \cdot \sin(\beta t) \cdot P(t)$	$s = \alpha + j\beta$ ist nicht Lösung der char. Gleichung	$y_S = e^{\alpha t} \cdot$ $(Q(t) \cdot \cos(\beta t) + R(t) \cdot \sin(\beta t))$
$e^{\alpha t} \cdot \sin(\beta t) \cdot P(t)$	$s = \alpha + j\beta$ ist k-fache Lösung der char. Gleichung	$y_S = t^k \cdot e^{\alpha t} \cdot$ $(Q(t) \cdot \cos(\beta t) + R(t) \cdot \sin(\beta t))$

Wobei:

$$Q(t) = a_0 + a_1 \cdot t + \cdots + a_i \cdot t^i + \cdots + a_m \cdot t^m$$

$$R(t) = b_0 + b_1 \cdot t + \cdots + b_i \cdot t^i + \cdots + b_m \cdot b^m$$

mit den Konstanten a_i und b_i.

Damit ergibt sich die Gesamtlösung der inhomogenen Differentialgleichung zu:

$$y = y_H + y_S$$

Die Konstanten C_i, a_i und b_i werden durch Einsetzen der Randbedingungen bzw. Anfangsbedingungen bestimmt.

3.1 Übungsaufgaben

Aufgaben 1–6

Die folgenden Schaltungen werden stets mit $u_e(t) = \sigma(t) \cdot U_0$ angeregt.

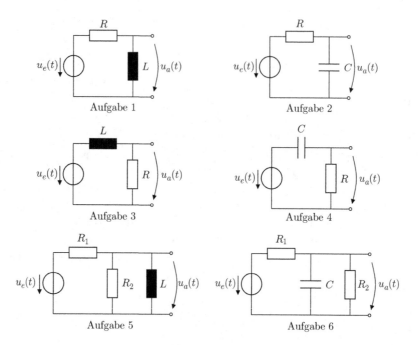

Aufgabe 1

Aufgabe 2

Aufgabe 3

Aufgabe 4

Aufgabe 5

Aufgabe 6

a) Stellen Sie jeweils die Differentialgleichung für $u_a(t)$ für $t > 0$ auf.
b) Ermitteln Sie $u_a(t)$ als vollständige Lösung der Differentialgleichung.
c) Skizzieren Sie $u_a(t)$.

Aufgabe 7

Stellen Sie zu den gegebenen Schaltungen die Differentialgleichung für $u_a(t)$ auf.

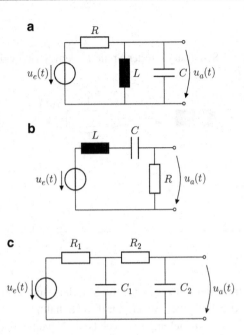

Aufgabe 8

Lösen Sie die folgenden Differentialgleichungen im Zeitbereich:

a) $u_a''(t) + \frac{1}{RC} \cdot u_a'(t) = 0$

b) $u_a''(t) + 8 \cdot u_a'(t) + 7 \cdot u_a(t) = U_0$

c) $u_a''(t) + 6 \cdot u_a'(t) + 5 \cdot u_a(t) = t \cdot e^{-\frac{1}{2}t}$

d) $u_a''(t) + 6 \cdot u_a'(t) + 5 \cdot u_a(t) = t \cdot e^{-t}$

e) $2j \cdot u_a''(t) + 20j \cdot u_a'(t) + 18j \cdot u_a(t) - e^{jt} + e^{-jt} = 0$

Aufgabe 9

Gegeben ist die folgende Schaltung mit der Spule L, dem Serienwiderstand der Spule R_S und dem Widerstand R:

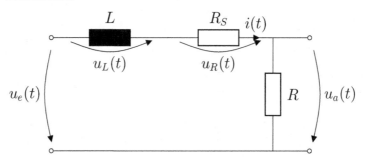

Es gilt $u_e(t) = U_0 \cdot \sigma(t)$.

a) Stellen Sie die Elementgleichungen sowie die Maschen- und Knotenpunktgleichungen entsprechend den Kirchhoffschen Regeln für diese Schaltung auf.

b) Stellen Sie die Differentialgleichung auf, welche die Spannung $u_a(t)$ in Abhängigkeit von $u_e(t)$ für $t > 0$ beschreibt. Ein ausführlicher Rechenweg ist gefordert.

c) Berechen Sie nun den Verlauf der Ausgangsspannung $u_a(t)$ für $t > 0$ und geben Sie zunächst die **allgemeine** Lösung der DGL an (d. h. ohne Bestimmen und Einsetzen der Randbedingungen).

d) Wie lauten die zwei Randbedingungen, welche die Lösung der Differentialgleichung erfüllen muss? Bestimmen Sie damit die Konstanten C_1 und a_0.

e) Setzen Sie die Randbedingungen in die DGL ein und vereinfachen Sie die DGL.

f) Berechnen Sie nun aus der Sprungantwort $a(t)$ die Impulsantwort $h(t)$.

Aufgabe 10

Gegeben ist die folgende Schaltung mit dem Kondensator C und dem Widerstand R:

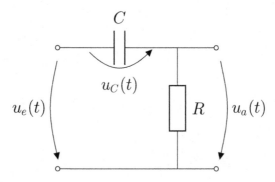

Es gilt $u_e(t) = U_0 \cdot \sigma(t)$.

a) Stellen Sie die Elementgleichungen sowie die Maschen- und Knotenpunktgleichungen entsprechend den Kirchhoffschen Regeln für diese Schaltung auf.

b) Stellen Sie die Differentialgleichung auf, welche die Spannung $u_a(t)$ in Abhängigkeit von $u_e(t)$ für $t > 0$ beschreibt. Ein ausführlicher Rechenweg ist gefordert.

c) Berechen Sie nun den Verlauf der Ausgangsspannung $u_a(t)$ für $t > 0$ und geben Sie zunächst die **allgemeine** Lösung der DGL an (d. h. ohne Bestimmen und Einsetzen der Randbedingungen).

d) Wie lautet die Anfangs- bzw. Randbedingung, welche die Lösung der Differentialgleichung erfüllen muss? Bestimmen Sie die Konstante C_1.

e) Setzen Sie die Randbedingung in die DGL ein und vereinfachen Sie die DGL.

f) Berechnen Sie nun aus der Sprungantwort $a(t)$ die Impulsantwort $h(t)$.

Aufgabe 11

Gegeben ist die folgende Schaltung mit der Spule L, dem Widerstand R und dem Kondensator C:

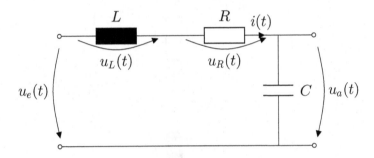

Es gilt $u_e(t) = U_0 \cdot \sigma(t)$.

a) Stellen Sie die Elementgleichungen sowie die Maschen- und Knotenpunktgleichungen entsprechend den Kirchhoffschen Regeln für diese Schaltung auf.

b) Stellen Sie die Differentialgleichung auf, welche die Spannung $u_a(t)$ in Abhängigkeit von $u_e(t)$ für $t > 0$ beschreibt. Ein ausführlicher Rechenweg ist gefordert.

c) Berechnen Sie nun den Verlauf der Ausgangsspannung $u_a(t)$ für $t > 0$ und geben Sie zunächst die **allgemeine** Lösung der DGL an (d. h. ohne Bestimmen und Einsetzen der Randbedingungen). Gehen Sie bei der Lösung davon aus, dass das Einsetzen der Werte von R, C und L auf konjugiert komplexe Nullstellen der charakteristischen Gleichung führt (periodischer Fall/Schwingfall). Substituieren Sie dann:

$$\delta := \frac{R}{2L} \qquad \text{und} \qquad \omega_0 := \sqrt{\frac{1}{LC} - \delta^2}$$

d) Bestimmten Sie die Konstante a_0, indem Sie $u_a(t \to \infty)$ berechnen.

e) Die Konstanten C_1 und C_2 sind nun wie folgt gegeben:

$$C_1 = \frac{U_0 \lambda_2}{\lambda_1 - \lambda_2} \qquad \text{und} \qquad C_2 = \frac{-U_0 \lambda_1}{\lambda_1 - \lambda_2}$$

Setzen Sie nun die Konstanten C_1 und C_2 in $u_a(t)$ ein und vereinfachen Sie soweit wie möglich. Setzen Sie auch Ihre Lösung für λ_1 und λ_2 ein.

f) Berechnen Sie nun aus der Sprungantwort $a(t)$ die Impulsantwort $h(t)$.

Aufgabe 12

Gegeben ist die folgende Schaltung mit dem Widerstand R, dem Serienwiderstand der Spule R_S und der Induktivität L:

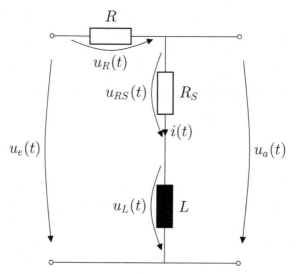

Es gilt $u_e(t) = U_0 \cdot \sigma(t)$.

a) Stellen Sie die Elementgleichungen sowie die Maschen- und Knotenpunktgleichungen entsprechend den Kirchhoffschen Regeln für diese Schaltung auf.

b) Stellen Sie die Differentialgleichung auf, welche die Spannung $u_a(t)$ in Abhängigkeit von $u_e(t)$ für $t > 0$ beschreibt. Ein ausführlicher Rechenweg ist gefordert.

c) Berechen Sie nun den Verlauf der Ausgangsspannung $u_a(t)$ für $t > 0$ und geben Sie zunächst die **allgemeine** Lösung der DGL an (d. h. ohne Bestimmen und Einsetzen der Randbedingungen).

d) Wie lauten die zwei Anfangs- bzw. Randbedingungen, welche die Lösung der Differentialgleichung erfüllen muss? Bestimmen Sie damit die Konstanten C_1 und a_0.

e) Setzen Sie die Randbedingungen in die DGL ein und vereinfachen Sie die DGL.

f) Berechnen Sie nun aus der Sprungantwort $a(t)$ die Impulsantwort $h(t)$.

Aufgabe 13

Gegeben ist die folgende Schaltung mit den Widerständen $R_1 = R_2 = R$ und den Kapazitäten $C_1 = C_2 = C$:

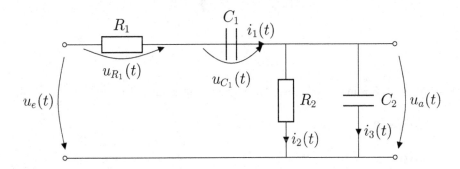

Es gilt $u_e(t) = U_0 \cdot \sigma(t)$.

a) Stellen Sie die Elementgleichungen sowie die Maschen- und Knotenpunktgleichungen entsprechend den Kirchhoffschen Regeln für diese Schaltung auf.

b) Stellen Sie die Differentialgleichung auf, welche die Spannung $u_a(t)$ in Abhängigkeit von $u_e(t)$ für $t > 0$ beschreibt. Ein ausführlicher Rechenweg ist gefordert.

c) Berechen Sie nun den Verlauf der Ausgangsspannung $u_a(t)$ für $t > 0$ und geben Sie zunächst die **allgemeine** Lösung der DGL an (d. h. ohne Bestimmen und Einsetzen der Randbedingungen).

d) Wie lauten die ersten zwei Randbedingungen, welche die Lösung der Differentialgleichung erfüllen muss?

e) Setzen Sie die erste Randbedingung für $u_a(t = 0^+)$ in die DGL ein und vereinfachen Sie die DGL, so dass nur noch eine unbekannte Konstante enthalten ist. Vereinfachen Sie soweit wie möglich.

f) Setzen Sie nun für die verbliebene Konstante C_1:

$$C_1 = \frac{U_0}{\sqrt{5}}$$

Setzen Sie den Wert für die Konstante C_1 in Ihre Gleichung für $u_a(t)$ ein und vereinfachen Sie so weit wie möglich.

g) Berechnen Sie nun aus der Sprungantwort $a(t)$ die Impulsantwort $h(t)$.

3.2   Musterlösungen

Lösung zur Aufgabe 1

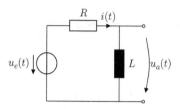

a) Schritt 1 des Lösungsverfahrens: Elementgleichungen aufstellen:

$$u_R(t) = R \cdot i(t)$$

$$u_L(t) = L \cdot \frac{\mathrm{d}i(t)}{\mathrm{d}t}$$

Schritt 2 des Lösungsverfahrens: Maschen- und Knotenpunktgleichungen entsprechend den Kirchhoffschen Regeln aufstellen.

$$u_a(t) = u_L(t)$$

$$u_e(t) = u_R(t) + u_L(t)$$

Schritt 3 des Lösungsverfahrens: Auflösen des in Schritt 1 und 2 entstandenen Gleichungssystems:

$$u_e(t) = R \cdot i(t) + u_a(t) \qquad \text{Ableiten}$$

$$u'_e(t) = R \cdot \frac{\mathrm{d}i(t)}{\mathrm{d}t} + u'_a(t)$$

$$u'_a(t) + \frac{R}{L} u_a(t) = u'_e(t)$$

mit $u'_e(t) = 0$ für $t > 0$

$$\underline{\underline{u'_a(t) + \frac{R}{L} u_a(t) = 0}}$$

b) Schritt 4 des Lösungsverfahrens: Lösen der Differentialgleichung:

$$u'_a(t) + \frac{R}{L}u_a(t) = 0 \qquad \text{für } t > 0$$

charakteristische Gleichung: $\lambda^1 + \frac{R}{L}\lambda^0 = 0$

$$\Rightarrow \underline{\underline{\lambda_1 = -\frac{R}{L}}}$$

Funktion der Lösungsbasis: $y_1 = e^{\lambda_1 t}$

allgemeine Lösung der DGL: $y_H = C_1 \cdot y_1$

$$y_H = C_1 \cdot e^{\lambda_1 t}$$

$$\Rightarrow \underline{\underline{u_a(t) = C_1 \cdot e^{-\frac{R}{L}t}}}$$

Bestimmung der Konstanten C_1 durch Einsetzen der Randbedingungen:
Ströme an Spulen können nicht springen. Das heißt, $i(t = 0^+) = 0$

$$\Rightarrow \left. u_a(t)\right|_{t=0^+} = U_0 \quad \Rightarrow \quad u_a(0^+) = C_1 \cdot e^{-\frac{R}{L}\cdot 0^+} = U_0 \qquad \Rightarrow \underline{\underline{C_1 = U_0}}$$

$$\Rightarrow \quad \underline{\underline{u_a(t) = U_0 \cdot \sigma(t) \cdot e^{-\frac{R}{L}t}}} \qquad \text{für } t \in \mathbb{R}$$

c) Skizze:

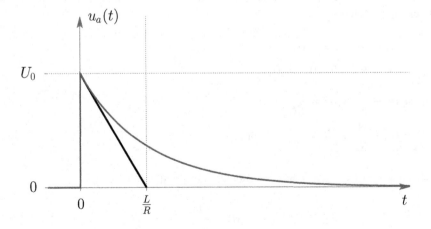

Lösung zur Aufgabe 2

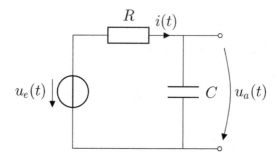

a) Schritt 1 des Lösungsverfahrens: Elementgleichungen aufstellen:

$$u_R(t) = i(t) \cdot R$$

$$i(t) = C \cdot \frac{du_a(t)}{dt}$$

Schritt 2 des Lösungsverfahrens: Maschen- und Knotenpunktgleichungen entsprechend den Kirchhoffschen Regeln aufstellen.

$$u_e(t) = u_R(t) + u_a(t) = \sigma(t) \cdot U_0$$

Schritt 3 des Lösungsverfahrens: Auflösen des in Schritt 1 und 2 entstandenen Gleichungssystems:

$$u_e(t) = i(t) \cdot R + u_a(t)$$

$$u_e(t) = R \cdot C \cdot u_a'(t) + u_a(t)$$

$$u_a'(t) + \frac{1}{RC} u_a(t) = \frac{1}{RC} \cdot u_e(t)$$

$$\underline{\underline{u_a'(t) + \frac{1}{RC} u_a(t) = \frac{U_0}{RC}}} \qquad \text{für } t > 0$$

b) Schritt 4 des Lösungsverfahrens: Lösen der Differentialgleichung:

$$u_a'(t) + \frac{1}{RC} u_a(t) = \frac{U_0}{RC}$$

charakteristische Gleichung: $\lambda^1 + \dfrac{1}{RC}\lambda^0 = 0$

$$\Rightarrow \qquad \lambda_1 = -\underline{\dfrac{1}{RC}}$$

Funktion der Lösungsbasis: $y_1 = e^{\lambda_1 t} = e^{-\frac{1}{RC}t}$

Allgemeine Lösung der DGL: $y_H = C_1 \cdot y_1 = C_1 \cdot e^{-\frac{1}{RC}t}$

Spezielle Lösung der DGL:

$$\text{Störfunktion: } r(t) = e^{st}\cdot P(t) \stackrel{!}{=} \dfrac{U_0}{RC}$$

$$\Rightarrow \qquad s = 0 \qquad \Rightarrow \qquad P(t) = \dfrac{U_0}{RC} = r(t)$$

$s = 0$ ist nicht Lösung der char. Gleichung!

$$y_s = e^{st}\cdot Q(t) = Q(t) = a_0$$

Lösung der inhomogenen DGL: $y = y_H + y_s$

$$= C_1 \cdot e^{-\frac{1}{RC}t} + a_0$$

$$\Rightarrow u_a(t) = \underline{\underline{C_1 \cdot e^{-\frac{1}{RC}t} + a_0}}$$

Bestimmung der Konstanten C_1 und a_0 durch Einsetzen der Randbedingungen. Spannungen an Kondensatoren können nicht springen:

$$\Rightarrow \quad u_a(t)\Big|_{t=0^+} = 0 = C_1 \cdot e^{-\frac{1}{RC}\cdot 0^+} + a_0 = C_1 + a_0 \qquad \Rightarrow C_1 = -a_0$$

Für $t \to \infty$ ist der Kondensator auf U_0 aufgeladen:

$$\Rightarrow u_a(t)\Big|_{t\to\infty} = U_0 = C_1 \cdot 0 + a_0 \quad \Leftrightarrow \quad a_0 = U_0 \qquad \Rightarrow C_1 = -U_0$$

$$u_a(t) = -U_0 \cdot e^{-\frac{1}{RC}t} + U_0 \quad \text{für } t > 0$$

$$u_a(t) = U_0 \cdot (1 - e^{-\frac{1}{RC}t})$$

$$u_a(t) = \underline{\underline{U_0 \cdot \sigma(t)(1 - e^{-\frac{1}{RC}t})}} \qquad \text{für } t \in \mathbb{R}$$

c) Skizze:

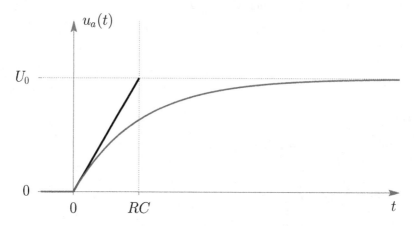

Lösung zur Aufgabe 3

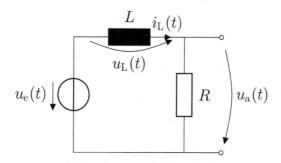

a) Schritt 1 des Lösungsverfahrens: Elementgleichungen aufstellen:

$$u_R(t) = R \cdot i(t)$$

$$u_L(t) = L \cdot \frac{di(t)}{dt}$$

Schritt 2 des Lösungsverfahrens: Maschen- und Knotenpunktgleichungen entsprechend den Kirchhoffschen Regeln aufstellen.

$$u_e(t) = u_L(t) + u_a(t) \qquad \text{mit } u_e(t) = U_0 \cdot \sigma(t)$$

Schritt 3 des Lösungsverfahrens: Auflösen des in Schritt 1 und 2 entstandenen Gleichungssystems:

$$u_a(t) = u_e(t) - u_L(t)$$

$$= u_e(t) - L \cdot \frac{di(t)}{dt}$$

$$= u_e(t) - L \cdot \frac{d\frac{1}{R}u_a(t)}{dt}$$

$$u_a(t) + \frac{L}{R}\frac{du_a(t)}{dt} = u_e(t)$$

$$\underline{\underline{\frac{du_a(t)}{dt} + \frac{R}{L}u_a(t) = \frac{R}{L}u_e(t)}} \qquad \leftarrow \text{inhomogene DGL 1.Ordnung mit konst. Koeff.}$$

b) Schritt 4 des Lösungsverfahrens: Lösen der Differentialgleichung:

zugehörige homogene DGL: $\dfrac{du_a(t)}{dt} + \dfrac{R}{L}u_a(t) = 0$

Lösung der charakteristischen Gleichung:$\lambda_1 = \underline{\underline{-\dfrac{R}{L}}}$

Allgemeine Lösung der DGL über Exponentialansatz: $y_H(t) = C_1 \cdot e^{-\frac{R}{L}t}$

Störglied: $\dfrac{R}{L}u_e(t) = U_0 \cdot \dfrac{R}{L}$ für $t > 0$

Spezielle Lösung der DGL: Störfunktion:

$$u(t) = e^{st} \cdot P(t) = \frac{R}{L} \cdot U_0$$

$$\Rightarrow s = 0$$

$$\Rightarrow P(t) = \frac{R}{L} \cdot U_0 = u(t)$$

$s = 0$ ist nicht Lösung der char. Gleichung.

$$y_s(t) = e^{st} \cdot Q(t)$$

$$= Q(t)$$

$$= a_0$$

Lösung der DGL: $u_a(t) = y_H(t) + y_s(t)$

$$= \underline{C_1 \cdot e^{-\frac{R}{L}t} + a_0}$$

Bestimmung der Konstanten C_1 durch Einsetzen der Randbedingungen:
Ströme an Spulen können nicht springen. Das heißt, $i(t = 0^+) = 0$

Anfangsbedingung: $u_a(t)\Big|_{t=0^+} = 0V = C_1 \cdot e^{-\frac{R}{L} \cdot 0^+} + a_0$

$$\Leftrightarrow C_1 = -a_0$$

Widerstand der Spule im eingeschwungenen Zustand ist 0:

$$u_a(t \to \infty) = U_0 = C_1 \cdot e^{-\infty} + a_0$$

$$a_0 = U_0$$

$$C_1 = -U_0$$

$$\Rightarrow u_a(t) = U_0 \cdot (1 - e^{-\frac{R}{L}t}) \qquad \text{für } t > 0$$

$$\Rightarrow \underline{u_a(t) = U_0 \cdot \sigma(t)(1 - e^{-\frac{R}{L}t})} \qquad \text{für } t \in \mathbb{R}$$

c) Skizze:

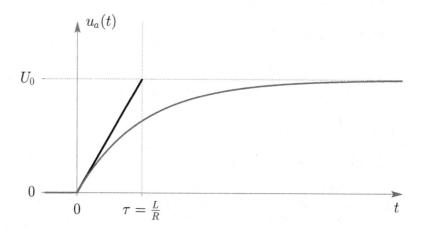

Lösung zur Aufgabe 4

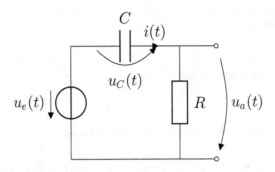

a) Schritt 1 des Lösungsverfahrens: Elementgleichungen aufstellen:

$$u_a(t) = R \cdot i(t)$$

$$i(t) = C \cdot \frac{du_c(t)}{dt}$$

Schritt 2 des Lösungsverfahrens: Maschen- und Knotenpunktgleichungen entsprechend den Kirchhoffschen Regeln aufstellen.

$$u_e(t) = u_C(t) + u_a(t) \qquad \text{mit:} \qquad u_e(t) = U_0 \cdot \sigma(t)$$

$$u_a(t) = u_e(t) - u_C(t)$$

Schritt 3 des Lösungsverfahrens: Auflösen des in Schritt 1 und 2 entstandenen Gleichungssystems:

Ableiten:

$$\frac{du_a(t)}{dt} = \frac{du_e(t)}{dt} - \frac{du_C(t)}{dt}$$

$$\frac{du_a(t)}{dt} = \frac{du_e(t)}{dt} - \frac{u_a(t)}{RC}$$

$$\frac{du_a(t)}{dt} + \frac{1}{RC}u_a(t) = \frac{du_e(t)}{dt} = 0 \quad \text{für } t > 0$$

b) Schritt 4 des Lösungsverfahrens: Lösen der Differentialgleichung:
Homogene DGL 1. Ordnung mit konst. Koeffizienten:

$$\frac{\mathrm{d}u_a(t)}{\mathrm{d}t} + \frac{1}{RC}u_a(t) = 0$$

Lösung der charakteristischen Gleichung: $\lambda_1 = -\frac{1}{RC}$

Allgemeine Lösung der DGL über Exponentialansatz: $u_a(t) = C_1 \cdot \mathrm{e}^{-\frac{1}{RC}t}$

Bestimmung der Konstanten C_1 durch Einsetzen der Randbedingungen.
Spannungen an Kondensatoren können nicht springen:

Randbedingung: $u_a(t)\Big|_{t=0^+} = U_0 = C_1 \cdot \mathrm{e}^{-\frac{1}{RC}\cdot 0^+} \quad \Leftrightarrow \quad C_1 = U_0$

Lösung der DGL: $u_a(t) = U_0 \cdot \sigma(t) \cdot \mathrm{e}^{-\frac{1}{RC}t}$

c) Skizze:

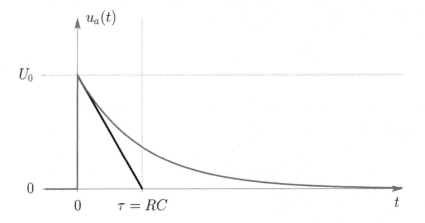

Lösung zur Aufgabe 5

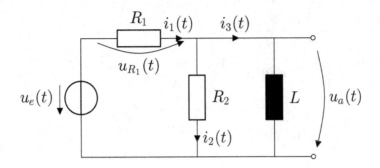

a) Schritt 1 des Lösungsverfahrens: Elementgleichungen aufstellen:

$$u_{R_1}(t) = R_1 \cdot i_1(t)$$

$$u_a(t) = R_2 \cdot i_2(t)$$

$$u_a(t) = L \cdot \frac{di_3(t)}{dt}$$

Schritt 2 des Lösungsverfahrens: Maschen- und Knotenpunktgleichungen entsprechend den Kirchhoffschen Regeln aufstellen.

$$i_1(t) = i_2(t) + i_3(t)$$

$$u_a(t) = u_e(t) - u_{R_1}(t)$$

Schritt 3 des Lösungsverfahrens: Auflösen des in Schritt 1 und 2 entstandenen Gleichungssystems:

$$u_a(t) = u_e(t) - R_1 \cdot (i_2(t) + i_3(t))$$

$$= u_e(t) - \frac{R_1}{R_2} \cdot u_a(t) - R_1 \cdot i_3(t)$$

Ableiten:

$$\frac{\mathrm{d}u_a(t)}{\mathrm{d}t} = \frac{\mathrm{d}u_e(t)}{\mathrm{d}t} - \frac{R_1}{R_2} \cdot \frac{\mathrm{d}u_a(t)}{\mathrm{d}t} - R_1 \cdot \frac{\mathrm{d}i_3(t)}{\mathrm{d}t}$$

$$\frac{\mathrm{d}u_a(t)}{\mathrm{d}t} = \frac{\mathrm{d}u_e(t)}{\mathrm{d}t} - \frac{R_1}{R_2} \cdot \frac{\mathrm{d}u_a(t)}{\mathrm{d}t} - \frac{R_1}{L} \cdot u_a(t)$$

$$\frac{\mathrm{d}u_a(t)}{\mathrm{d}t} + \frac{\frac{R_1}{L}}{1 + \frac{R_1}{R_2}} \cdot u_a(t) = \frac{1}{1 + \frac{R_1}{R_2}} \cdot \frac{\mathrm{d}u_e(t)}{\mathrm{d}t}$$

$$\text{mit } \frac{\mathrm{d}u_e(t)}{\mathrm{d}t} = 0 \quad \text{für } t > 0$$

$$\frac{\mathrm{d}u_a(t)}{\mathrm{d}t} + \frac{R_1}{L \cdot (1 + \frac{R_1}{R_2})} \cdot u_a(t) = 0$$

b) Schritt 4 des Lösungsverfahrens: Lösen der Differentialgleichung:

Allgemeine Lösung der DGL über Exponentialansatz: $u_a(t) = C_1 \cdot \mathrm{e}^{-\lambda_1 t}$

$$\text{mit: } \lambda_1 = -\frac{R_1 R_2}{L \cdot (R_1 + R_2)}$$

$$u_a(t) = C_1 \cdot \mathrm{e}^{-\frac{1}{L} \frac{R_1 R_2}{R_1 + R_2} t}$$

Bestimmung der Konstanten C_1 durch Einsetzen der Randbedingungen:
Ströme an Spulen können nicht springen. Das heißt, $i_3(t = 0^+) = 0$

$$\text{Anfangsbedingung: } u_a(t)\bigg|_{t=0^+} = U_0 \frac{R_2}{R_1 + R_2} = C_1 \cdot \mathrm{e}^0 = C_1 \qquad \text{(Spannungsteiler)}$$

$$\text{Lösung: } u_a(t) = U_0 \cdot \sigma(t) \cdot \frac{R_2}{R_1 + R_2} \cdot \mathrm{e}^{-\frac{1}{L} \frac{R_1 R_2}{R_1 + R_2} t}$$

c) Skizze:

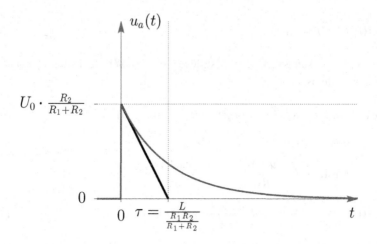

Lösung zur Aufgabe 6

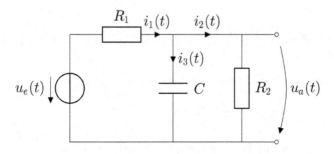

a) Schritt 1 des Lösungsverfahrens: Elementgleichungen aufstellen:

$$u_{R_1}(t) = R_1 \cdot i_1(t)$$

$$i_3(t) = C \cdot \frac{\mathrm{d}u_a(t)}{\mathrm{d}t}$$

$$u_a(t) = R_2 \cdot i_2(t)$$

Schritt 2 des Lösungsverfahrens: Maschen- und Knotenpunktgleichungen entsprechend den Kirchhoffschen Regeln aufstellen.

$$u_a(t) = u_e(t) - u_{R1}(t)$$

Schritt 3 des Lösungsverfahrens: Auflösen des in Schritt 1 und 2 entstandenen Gleichungssystems:

$$u_a(t) = u_e(t) - R_1 \cdot i_1(t) = u_e(t) - R_1(i_2(t) + i_3(t))$$

$$= u_e(t) - R_1 \cdot i_2(t) - R_1 \cdot i_3(t)$$

$$= u_e(t) - R_1 \cdot \frac{u_a(t)}{R_2} - R_1 \cdot C \cdot \frac{du_a(t)}{dt}$$

$$u_a(t) + u_a(t) \cdot \frac{R_1}{R_2} + C \cdot R_1 \frac{du_a(t)}{dt} = u_e(t)$$

$$\frac{du_a(t)}{dt} + \frac{1}{R_2 C} u_a(t) + \frac{1}{R_1 C} u_a(t) = \frac{1}{R_1 C} u_e(t)$$

$$\underline{\frac{du_a(t)}{dt} + \left(\frac{1}{R_1 C} + \frac{1}{R_2 C}\right) u_a(t) = \frac{1}{R_1 C} \cdot u_e(t)}$$

b) Schritt 4 des Lösungsverfahrens: Lösen der Differentialgleichung:

homogene DGL: $\dfrac{du_a(t)}{dt} + \left(\dfrac{1}{R_1} + \dfrac{1}{R_2}\right) \dfrac{1}{C} \cdot u_a(t) = 0$ $\underline{\underline{\lambda_1 = -\dfrac{1}{C} \cdot \left(\dfrac{1}{R_1} + \dfrac{1}{R_2}\right)}}$

Allgemeine Lösung der DGL über Exponentialansatz: $y_H(t) = C_1 \cdot e^{-\frac{1}{C}\left(\frac{1}{R_1} + \frac{1}{R_2}\right)t}$

Störglied: $\dfrac{1}{R_1 C} u_e(t) = \dfrac{U_0}{R_1 C}$ für $t > 0$

Spezielle Lösung für konstante Störglieder: $r(t) = e^{st} \cdot P(t) \overset{!}{=} \dfrac{U_0}{R_1 C}$

$$\Rightarrow s = 0$$

$$\Rightarrow P(t) = \frac{U_0}{R_1 C}$$

s ist nicht Lösung der char. Gleichung

$$y_s(t) = e^{st} \cdot Q(t)$$

$$y_s(t) = a_0$$

$$u_a(t) = y_H(t) + y_s(t)$$

$$= C_1 \cdot e^{-\frac{1}{C}\left(\frac{1}{R_1} + \frac{1}{R_2}\right)t} + a_0$$

Bestimmung der Konstanten C_1 und a_0 durch Einsetzen der Randbedingungen: Spannungen an Kondensatoren können nicht springen. Das heißt, $u_a(t = 0^+) = 0$

$$\left. u_a(t) \right|_{t=0^+} = C_1 + a_0 \overset{!}{=} 0$$

$$\Rightarrow \quad C_1 = -a_0$$

Strom durch den Kondensator ist 0 für $t \rightarrow \infty$. $\Rightarrow$ Spannungsteiler kann angewendet werden:

$$\left. u_a(t) \right|_{t\rightarrow\infty} = a_0 \overset{!}{=} \frac{R_2}{R_1 + R_2} \cdot U_0$$

$$\underline{\underline{u_a(t) = U_0 \cdot \frac{R_2}{R_1 + R_2}(1 - e^{-\frac{1}{C} \cdot \frac{R_1+R_2}{R_1 R_2}t})}}$$

c) Skizze:

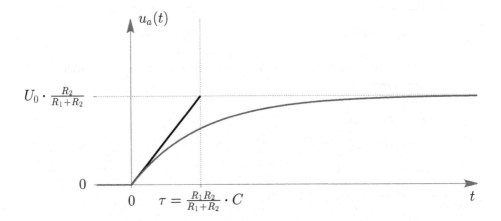

Lösung zur Aufgabe 7

a) Schaltung

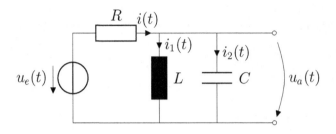

Schritt 1 des Lösungsverfahrens: Elementgleichungen aufstellen:

$$u_R(t) = R \cdot i(t)$$

$$u_a(t) = L \cdot \frac{di_1(t)}{dt}$$

$$i_2(t) = C \cdot \frac{du_a(t)}{dt}$$

Schritt 2 des Lösungsverfahrens: Maschen- und Knotenpunktgleichungen entsprechend den Kirchhoffschen Regeln aufstellen.

$$u_e(t) = u_R(t) + u_a(t)$$

$$i(t) = i_1(t) + i_2(t)$$

Schritt 3 des Lösungsverfahrens: Auflösen des in Schritt 1 und 2 entstandenen Gleichungssystems:

$$u_a(t) = u_e(t) - u_R(t)$$

$$= u_e(t) - R \cdot i(t)$$

$$= u_e(t) - R \cdot i_1(t) - R \cdot i_2(t)$$

$$u_a(t) = u_e(t) - R \cdot i_1(t) - RC \cdot u_a'(t)$$

Ableiten:

$$u_a'(t) = u_e'(t) - R \cdot \frac{di_1(t)}{dt} - RC \cdot u_a''(t)$$

$$u_a'(t) = u_e'(t) - \frac{R}{L}u_a(t) - RCu_a''(t)$$

$$u_a''(t) + \frac{1}{RC}u_a'(t) + \frac{\cancel{R}}{L \cdot \cancel{R} \cdot C}u_a(t) = \frac{1}{RC} \cdot u_e'(t)$$

$$u_a''(t) + \frac{1}{RC}u_a'(t) + \frac{1}{LC}u_a(t) = \frac{1}{RC} \cdot u_e'(t)$$

b) Schaltung

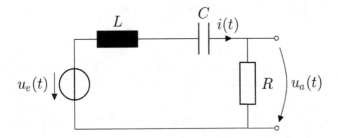

Schritt 1 des Lösungsverfahrens: Elementgleichungen aufstellen:

$$u_L(t) = L \cdot \frac{di(t)}{dt}$$

$$i(t) = C \cdot \frac{du_C(t)}{dt}$$

$$u_a(t) = R \cdot i(t)$$

Schritt 2 des Lösungsverfahrens: Maschen- und Knotenpunktgleichungen entsprechend den Kirchhoffschen Regeln aufstellen.

$$u_e(t) = u_L(t) + u_C(t) + u_a(t)$$

Schritt 3 des Lösungsverfahrens: Auflösen des in Schritt 1 und 2 entstandenen Gleichungssystems:

$$u_a(t) = u_e(t) - u_L(t) - u_C(t)$$

$$= u_e(t) - L \cdot \frac{di(t)}{dt} - u_C(t)$$

$$u_a(t) = u_e(t) - \frac{L}{R} \cdot u_a'(t) - u_C(t)$$

Ableiten:

$$u'_a(t) = u'_e(t) - \frac{L}{R}u''_a(t) - u'_C(t)$$

$$u'_a(t) = u'_e(t) - \frac{L}{R} \cdot u''_a(t) - \frac{i(t)}{C}$$

$$u'_a(t) = u'_e(t) - \frac{L}{R} \cdot u''_a(t) - \frac{u_a(t)}{RC}$$

$$u''_a(t) + \frac{R}{L}u'_a(t) + \frac{1}{LC}u_a(t) = \frac{R}{L} \cdot u'_e(t)$$

c) Schaltung

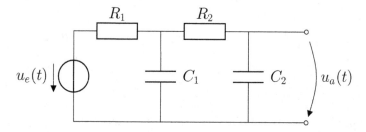

Schritt 1 des Lösungsverfahrens: Elementgleichungen aufstellen:

$$i_{C_1}(t) = C_1 \cdot \frac{du_{C_1}(t)}{dt}$$

$$i_{C_2}(t) = C_2 \cdot \frac{du_a(t)}{dt}$$

$$u_{R_1}(t) = R_1 \cdot i_{R_1}(t)$$

$$u_{R_2}(t) = R_2 \cdot i_{R_2}(t)$$

Schritt 2 des Lösungsverfahrens: Maschen- und Knotenpunktgleichungen entsprechend den Kirchhoffschen Regeln aufstellen.

$$u_e(t) = u_{R_1}(t) + u_{R_2}(t) + u_a(t)$$

$$u_e(t) = u_{R_1}(t) + u_{C_1}(t)$$

$$u_{C_1}(t) = u_{R_2}(t) + u_a(t)$$

$$i_{R_1}(t) = i_{C_1}(t) + i_{C_2}(t)$$

$$i_{R_2}(t) = i_{C_2}(t)$$

Schritt 3 des Lösungsverfahrens: Auflösen des in Schritt 1 und 2 entstandenen Gleichungssystems:

$$u_e(t) = u_a(t) + u_{R_1}(t) + u_{R_2}(t)$$

$$= u_a(t) + R_1 \cdot (i_{C_1}(t) + i_{C_2}(t)) + R_2 \cdot i_{C_2}(t)$$

$$= u_a(t) + R_1 \cdot (C_1 \cdot u'_{C_1}(t) + C_2 \cdot u'_a(t)) + R_2 \cdot C_2 \cdot u'_a(t)$$

$$= u_a(t) + R_1 \cdot C_1 \cdot u'_{C_1}(t) + R_1 \cdot C_2 \cdot u'_a(t) + R_2 \cdot C_2 \cdot u'_a(t)$$

$$= u_a(t) + R_1 \cdot C_1 \cdot \frac{d}{dt}(R_2 \cdot i_{C_2}(t) + u_a(t)) + u'_a(t) \cdot (R_1 \cdot C_2 + R_2 \cdot C_2)$$

$$= u_a(t) + R_1 \cdot C_1 \cdot \frac{d}{dt}(R_2 \cdot C_2 \cdot u'_a(t) + u_a(t)) + u'_a(t) \cdot (R_1 \cdot C_2 + R_2 \cdot C_2)$$

$$= u_a(t) + R_1 \cdot C_1 \cdot R_2 \cdot C_2 \cdot u''_a(t) + R_1 \cdot C_1 \cdot u'_a(t) + u'_a(t) \cdot (R_1 \cdot C_2 + R_2 \cdot C_2)$$

$$= u_a(t) + (R_1 C_1 + R_1 C_2 + R_2 C_2) \cdot u'_a(t) + R_1 \cdot C_1 \cdot R_2 \cdot C_2 \cdot u''_a(t)$$

$$\underline{\underline{u''_a(t) + \frac{R_1 C_1 + R_1 C_2 + R_2 C_2}{R_1 C_1 R_2 C_2} \cdot u'_a(t) + \frac{1}{R_1 C_1 R_2 C_2} \cdot u_a(t) = \frac{1}{R_1 C_1 R_2 C_2} \cdot u_e(t)}}$$

Lösung zur Aufgabe 8

In dieser Aufgabe wird Schritt 4 des Lösungsverfahrens geübt.

a)

$$u''_a(t) + \frac{1}{RC}u'_a(t) = 0$$

Charakteristische Gleichung:

$$\lambda^2 + \frac{1}{RC}\lambda = 0$$

$$\lambda\left(\lambda + \frac{1}{RC}\right) = 0$$

$$\lambda_1 = \underline{\underline{0}}$$

$$\lambda_2 = -\frac{1}{\underline{\underline{RC}}}$$

Lösungsansätze:

$$\lambda_1 \rightarrow \qquad y_1 = e^{0t} = 1$$

$$\lambda_2 \rightarrow \qquad y_2 = e^{-\frac{1}{RC}t}$$

Allgemeine Lösung der DGL:

$$y_H = C_1 \cdot y_1 + C_2 \cdot y_2$$

$$= C_1 + C_2 \cdot e^{-\frac{1}{RC}t}$$

Die Störfunktion ist 0, d. h. die allgemeine Lösung der DGL entspricht der **Gesamtlösung** der DGL:

$$u_a(t) = \underline{\underline{C_1 + C_2 \cdot e^{-\frac{1}{RC}t}}}$$

b)

$$u_a''(t) + 8 \cdot u_a'(t) + 7 \cdot u_a(t) = U_0$$

Charakteristische Gleichung:

$$\lambda^2 + 8\lambda + 7 = 0$$

$$(\lambda + 4)^2 = 9$$

$$|\lambda + 4| = 3$$

$$\lambda = -4 \pm 3$$

$$\lambda_1 = \underline{\underline{-1}}$$

$$\lambda_2 = \underline{\underline{-7}}$$

Lösungsansätze:

$$\lambda_1 \rightarrow \qquad y_1 = e^{\lambda_1 t} = e^{-t}$$

$$\lambda_2 \rightarrow \qquad y_2 = e^{\lambda_2 t} = e^{-7t}$$

Allgemeine Lösung der DGL:

$$y_H = C_1 \cdot y_1 + C_2 \cdot y_2 = C_1 e^{-t} + C_2 e^{-7t}$$

Störfunktion:

$$r(t) = e^{st} \cdot P(t) \overset{!}{=} 1 \cdot U_0 = U_0$$

$s = 0$ **ist nicht** Lösung der char. Gleichung

$$Q(t) = a_0$$

Spezielle Lösung der DGL:

$$y_s = e^{0 \cdot t} \cdot Q(t) = a_0$$

Gesamtlösung der DGL:

$$u_a(t) = y_H + y_s = C_1 e^{-t} + C_2 \cdot e^{-7t} + a_0$$
$$u_a(t) = \underline{\underline{C_1 e^{-t} + C_2 \cdot e^{-7t} + a_0}}$$

c)

$$u_a''(t) + 6 \cdot u_a'(t) + 5 \cdot u_a(t) = t \cdot e^{-\frac{1}{2}t}$$

Charakteristische Gleichung:

$$\lambda^2 + 6\lambda + 5 = 0$$
$$\lambda^2 + 2 \cdot 3\lambda + 5 + 4 = 4$$
$$(\lambda + 3)^2 = 4$$
$$|\lambda + 3| = 2$$
$$\lambda = -3 \pm 2$$
$$\lambda_1 = \underline{\underline{-1}}$$
$$\lambda_2 = \underline{\underline{-5}}$$

Lösungsansätze:

$$\lambda_1 \rightarrow \quad y_1 = e^{\lambda_1 t} = e^{-t}$$
$$\lambda_2 \rightarrow \quad y_2 = e^{\lambda_2 t} = e^{-5t}$$

Allgemeine Lösung der DGL:

$$y_H = C_1 \cdot y_1 + C_2 \cdot y_2 = C_1 \cdot e^{-t} + C_2 \cdot e^{-5t}$$

Störfunktion:

$$r(t) = e^{st} \cdot P(t) \overset{!}{=} t \cdot e^{-\frac{1}{2}t}$$

$$\Rightarrow s = -\frac{1}{2};$$

$$P(t) = t = A_0 + A_1 \cdot t \qquad \text{mit } A_0 = 0 \quad \text{und} \quad A_1 = 1$$

s **ist** Lösung der char. Gleichung

Spezielle Lösung der DGL:

$$y_s = e^{st} \cdot Q(t) \qquad \text{mit } s = -\frac{1}{2} \text{ und } Q(t) = a_0 + a_1 \cdot t$$

$$= e^{-\frac{1}{2}t}(a_0 + a_1 \cdot t)$$

Gesamtlösung der DGL:

$$u_a(t) = y_H + y_s$$

$$u_a(t) = \underline{\underline{C_1 \cdot e^{-t} + C_2 e^{-5t} + e^{-\frac{1}{2}t}(a_0 + a_1 t)}}$$

d)

$$u_a''(t) + 6 \cdot u_a'(t) + 5 \cdot u_a(t) = t \cdot e^{-t}$$

Allgemeine Lösung der DGL siehe Aufgabe c)

$$y_H = C_1 \cdot e^{-t} + C_2 \cdot e^{-5t} \qquad \text{da} \quad \lambda_1 = -1, \quad \lambda_2 = -5$$

Störfunktion:

$$r(t) = e^{st} \cdot P(t) = t \cdot e^{-t}$$

$$\Rightarrow s = -1$$

s **ist** Lösung der char. Gleichung

$$\Rightarrow P(t) = t$$

Spezielle Lösung der DGL:

$$y_s = t^1 \cdot e^{-t} \cdot Q(t) = t^1 \cdot e^{-t} \cdot (a_0 + a_1 \cdot t)$$

Gesamtlösung der DGL:

$$u_a(t) = y_H + y_s$$
$$u_a(t) = \underline{\underline{C_1 \, e^{-t} + C_2 \cdot e^{-5t} + t \cdot e^{-t}(a_0 + a_1 \cdot t)}}$$

e) Umformen der DGL:

$$2\,j \cdot u_a''(t) + 20\,j \cdot u_a'(t) + 18\,j \cdot u_a(t) - e^{jt} + e^{-jt} = 0$$

$$u_a''(t) + 10u_a'(t) + 9u_a'(t) = \frac{e^{jt} - e^{-jt}}{2j}$$

$$u_a''(t) + 10u_a'(t) + 9u_a'(t) = \sin(t)$$

Charakteristische Gleichung:

$$\lambda^2 + 10\lambda + 9 = 0$$
$$\lambda^2 + 2 \cdot 5\lambda + 9 + 16 = 16$$
$$(\lambda + 5)^2 = 16$$
$$|\lambda + 5| = 4$$
$$\lambda = -5 \pm 4$$
$$\lambda_1 = \underline{\underline{-1}}$$
$$\lambda_2 = \underline{\underline{-9}}$$

Lösungsansätze:

$$\lambda_1 \to \qquad y_1 = e^{\lambda_1 t} = e^{-t}$$
$$\lambda_2 \to \qquad y_2 = e^{\lambda_2 t} = e^{-9t}$$

Allgemeine Lösung der DGL:

$$y_H = C_1 \cdot e^{-t} + C_2 \cdot e^{-9t}$$

Störfunktion:

$$r(t) = e^{\alpha t} \cdot \sin(\beta t) \cdot P(t) \overset{!}{=} e^{0 \cdot t} \cdot \sin(1 \cdot t) \cdot 1$$

$$\left.\begin{array}{l} \Rightarrow \alpha = 0 \\ \Rightarrow \beta = 1 \end{array}\right\} \; s = \alpha + j\beta = j \qquad \Rightarrow \textbf{ist nicht} \text{ Lösung der char. Gleichung}$$

$$P(t) = A_0 \overset{!}{=} 1$$

Spezielle Lösung der DGL:

$$y_s = e^{\alpha t} \cdot (Q(t) \cdot \cos(\beta t) + R(t) \cdot \sin(\beta t))$$

$$= e^{0t} \cdot (a_0 \cos(t) + b_0 \sin(t))$$

$$= a_0 \cos(t) + b_0 \sin(t)$$

Gesamtlösung der DGL:

$$y = y_H + y_s$$

$$\Rightarrow u_a(t) = \underline{\underline{C_1 \cdot e^{-t} + C_2 \cdot e^{-9t} + a_0 \cos(t) + b_0 \sin(t)}}$$

Lösung zur Aufgabe 9

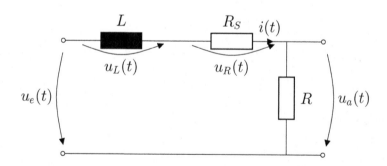

a) Schritt 1 des Lösungsverfahrens: Elementgleichungen aufstellen:

$$u_a(t) = R \cdot i(t)$$

$$u_R(t) = R_S \cdot i(t)$$

$$u_L(t) = L \cdot \frac{di(t)}{dt}$$

Schritt 2 des Lösungsverfahrens: Maschen- und Knotenpunktgleichungen entsprechend den Kirchhoffschen Regeln aufstellen:

$$u_a(t) = u_e(t) - u_L(t) - u_R(t)$$

b) Schritt 3 des Lösungsverfahrens: Auflösen des in Schritt 1 und 2 entstandenen Gleichungssystems:

$$u_a(t) = u_e(t) - u_L(t) - u_R(t)$$

$$u_a(t) = u_e(t) - L \cdot \frac{di(t)}{dt} - R_S \cdot i(t)$$

$$u_a(t) = u_e(t) - \frac{L}{R} \cdot u_a'(t) - \frac{R_S}{R} \cdot u_a(t)$$

$$u_e(t) = u_a(t) + \frac{L}{R} \cdot u_a'(t) + \frac{R_S}{R} \cdot u_a(t)$$

$$u_e(t) = u_a(t) \cdot \left(1 + \frac{R_S}{R}\right) + \frac{L}{R} \cdot u_a'(t)$$

$$\frac{R + R_S}{L} \cdot u_a(t) + u_a'(t) = \frac{R}{L} \cdot U_0$$

$$u_a'(t) + \frac{R + R_S}{L} \cdot u_a(t) = \frac{R}{L} \cdot U_0$$

c) Schritt 4 des Lösungsverfahrens: Lösen der Differentialgleichung:
   Die Differentialgleichung lautet:

$$u_a'(t) + \frac{R + R_S}{L} \cdot u_a(t) = \frac{R}{L} \cdot U_0$$

Es handelt sich um eine inhomogene lineare DGL 1. Ordnung mit konstanten Koeffizienten der Form:

$$y^{(1)} + a_0 \cdot y = r(x)$$

Die zugehörige homogene DGL lautet:

$$u_a'(t) + \frac{R + R_S}{L} \cdot u_a(t) = 0.$$

Die zu dieser DGL zugehörige charakteristische Gleichung lautet:

$$\lambda + a_0 = 0$$

Der konstante Koeffizient a_0 ist also:

$$a_0 = \frac{R + R_S}{L}$$

Die Lösung der charakteristischen Gleichung und das Einsetzen von a_0 ergibt:

$$\lambda_1 = -a_0 = -\frac{R + R_S}{L}$$

Die zugehörige Funktion y_1 der Lösungsbasis der DGL ist somit:

$$y_1 = e^{\lambda_1 \cdot x} = e^{-\frac{R+R_S}{L} \cdot x}$$

Damit ist die allgemeine Lösung der homogenen DGL:

$$y_H = C_1 \cdot e^{-\frac{R+R_S}{L} \cdot x}$$

Die Störfunktion $r(x)$ lautet:

$$r(x) = \frac{R}{L} \cdot U_0$$

Die Störfunktion $r(x)$ hat die Form $r(x) = e^{s \cdot x} \cdot P(x)$. Das Polynom $P(x)$ ist also:

$$P(x) = A_0$$

Damit ergeben sich A_0 und s zu:

$$r(x) = e^{s \cdot x} \cdot P(x) = e^{s \cdot x} \cdot A_0 = \frac{R}{L} \cdot U_0$$

$$A_0 = \frac{R}{L} \cdot U_0$$

$$s = 0$$

Der Ansatz der speziellen Lösung der inhomogenen DGL von y_S ist dann mit $Q(x)$ sowie s eingesetzt:

$$y_S = e^{s \cdot x} \cdot Q(x) = a_0$$

Die allgemeine Lösung der DGL von y bzw. $u_a(t)$ ergibt sich somit zu:

$$y = y_H + y_S = C_1 \cdot e^{-\frac{R+R_S}{L} \cdot x} + a_0$$

$$u_a(t) = \underline{\underline{C_1 \cdot e^{-\frac{R+R_S}{L} \cdot t} + a_0}} \qquad \text{für } t > 0$$

d)

1. $u_a(t = +0) = C_1 \cdot e^{-\frac{R+R_S}{L} \cdot 0} + a_0 = 0$

    $\implies C_1 = -a_0$

2. $u_a(t \to \infty) = C_1 \cdot 0 + a_0 = U_0 \cdot \dfrac{R}{R + R_S}$

    $\implies a_0 = U_0 \cdot \dfrac{R}{R + R_S}$

    $\implies C_1 = -U_0 \cdot \dfrac{R}{R + R_S}$

e)

$$u_a(t) = C_1 \cdot e^{-\frac{R+R_S}{L} \cdot t} + a_0$$

$$= -U_0 \cdot \frac{R}{R + R_S} \cdot e^{-\frac{R+R_S}{L} \cdot t} + U_0 \cdot \frac{R}{R + R_S} \qquad \text{für } t > 0$$

$$= \underline{\underline{\sigma(t) \cdot U_0 \cdot \frac{R}{R + R_S} \cdot \left(1 - e^{-\frac{R+R_S}{L} \cdot t}\right)}}$$

f)

$$a(t) = \frac{u_a(t)}{U_0} = \sigma(t) \cdot \frac{R}{R + R_S} \cdot \left(1 - e^{-\frac{R+R_S}{L} \cdot t}\right)$$

$$h(t) = \frac{da(t)}{dt} = \frac{d}{dt}\left[\sigma(t) \cdot \frac{R}{R + R_S} \cdot \left(1 - e^{-\frac{R+R_S}{L} \cdot t}\right)\right]$$

$$h(t) = \frac{R}{R + R_S} \cdot \left[\frac{d}{dt}\left(\sigma(t) - \sigma(t) \cdot e^{-\frac{R+R_S}{L} \cdot t}\right)\right] \qquad \text{Produktregel!}$$

$$h(t) = \frac{R}{R + R_S} \cdot \left[\delta(t) - \left(\delta(t) \cdot e^{-\frac{R+R_S}{L} \cdot t} + \sigma(t) \cdot \left(-\frac{R+R_S}{L}\right) \cdot e^{-\frac{R+R_S}{L} \cdot t}\right)\right]$$

$$h(t) = \frac{R}{R + R_S} \cdot \left[\delta(t) - \delta(t) + \sigma(t) \cdot \frac{R+R_S}{L} \cdot e^{-\frac{R+R_S}{L} \cdot t}\right]$$

$$h(t) = \underline{\underline{\sigma(t) \cdot \frac{R}{L} \cdot e^{-\frac{R+R_S}{L} \cdot t}}}$$

Lösung zur Aufgabe 10

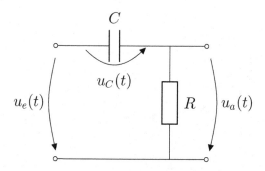

a) Schritt 1 des Lösungsverfahrens: Elementgleichungen aufstellen:

$$u_a(t) = R \cdot i(t)$$

$$i(t) = C \cdot \frac{du_C(t)}{dt}$$

Schritt 2 des Lösungsverfahrens: Maschen- und Knotenpunktgleichungen entsprechend den Kirchhoffschen Regeln aufstellen:

$$u_a(t) = u_e(t) - u_C(t)$$

b) Schritt 3 des Lösungsverfahrens: Auflösen des in Schritt 1 und 2 entstandenen Gleichungssystems:

$$u_a(t) = u_e(t) - u_C(t) \qquad | \quad \text{Ableiten}$$

$$u_a'(t) = u_e'(t) - u_c'(t)$$

$$u_a'(t) = 0 - \frac{1}{C}i(t)$$

$$u_a'(t) = 0 - \frac{1}{C}\frac{1}{R}u_a(t)$$

$$\implies \quad \underline{\underline{u_a'(t) + \frac{1}{RC}u_a(t) = 0}}$$

c) Schritt 4 des Lösungsverfahrens: Lösen der Differentialgleichung:
   Die Differentialgleichung lautet:

$$u_a'(t) + \frac{1}{RC}u_a(t) = 0$$

Es handelt sich um eine homogene lineare DGL 1. Ordnung mit konstanten Koeffizienten der Form:

$$y^{(1)} + a_0 \cdot y = r(x)$$

Die zu dieser DGL zugehörige charakteristische Gleichung lautet:

$$\lambda + a_0 = 0$$

Der konstante Koeffizient a_0 ist also:

$$a_0 = \frac{1}{RC}$$

Die Lösung der charakteristischen Gleichung und das Einsetzen von a_0 ergibt:

$$\lambda_1 = -a_0 = -\frac{1}{RC}$$

Die zugehörige Funktion y_1 der Lösungsbasis der DGL ist somit:

$$y_1 = e^{\lambda_1 \cdot x} = e^{-\frac{1}{RC} \cdot x}$$

Damit ist die allgemeine Lösung der homogenen DGL:

$$y_H = C_1 \cdot e^{-\frac{1}{RC} \cdot x}$$

Da die Störfunktion $r(x) = 0$ ist, ist die allgemeine Lösung der DGL von y bzw. $u_a(t)$:

$$y = y_H = C_1 e^{-\frac{1}{RC} x}$$

$$u_a(t) = \underline{\underline{C_1 e^{-\frac{1}{RC} t}}} \qquad \text{für } t > 0$$

d)

$$u_a(t = +0) = C_1 e^{-\frac{1}{RC} \cdot 0} = U_0 \qquad \text{Spannungen an Kondensatoren können nicht springen!}$$

$$\Longrightarrow C_1 = \underline{\underline{U_0}}$$

e)

$$u_a(t) = C_1 \cdot e^{-\frac{1}{RC} t} = U_0 \cdot e^{-\frac{1}{RC} t} \qquad \text{für } t > 0$$

$$= \underline{\underline{\sigma(t) \cdot U_0 \cdot e^{-\frac{1}{RC} t}}}$$

f)

$$a(t) = \frac{u_a(t)}{U_0} = \sigma(t) \cdot e^{-\frac{1}{RC}t}$$

$$h(t) = \frac{da(t)}{dt} = \frac{d}{dt}\left[\sigma(t) \cdot e^{-\frac{1}{RC}t}\right] \quad \text{Produktregel!}$$

$$= \delta(t) \cdot e^{-\frac{1}{RC}t} + \sigma(t) \cdot \left(-\frac{1}{RC}\right) \cdot e^{-\frac{1}{RC}t}$$

$$\underline{\underline{= \delta(t) - \sigma(t) \cdot \frac{1}{RC} \cdot e^{-\frac{1}{RC}t}}}$$

Lösung zur Aufgabe 11

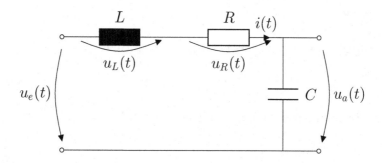

a) Schritt 1 des Lösungsverfahrens: Elementgleichungen aufstellen:

$$i(t) = C \cdot \frac{du_a(t)}{dt}$$

$$u_R(t) = R \cdot i(t)$$

$$u_L(t) = L \cdot \frac{di(t)}{dt}$$

Schritt 2 des Lösungsverfahrens: Maschen- und Knotenpunktgleichungen entsprechend den Kirchhoffschen Regeln aufstellen:

$$u_a(t) = u_e(t) - u_L(t) - u_R(t)$$

b) Schritt 3 des Lösungsverfahrens: Auflösen des in Schritt 1 und 2 entstandenen Gleichungssystems:

$$u_a(t) = u_e(t) - u_L(t) - u_R(t)$$

$$= u_e(t) - L\frac{di(t)}{dt} - R \cdot i(t)$$

$$= u_e(t) - LCu_a''(t) - RCu_a'(t)$$

$$\implies \quad u_e(t) = LCu_a''(t) + RCu_a'(t) + u_a(t)$$

$$\implies \quad u_a''(t) + \frac{R}{L}u_a'(t) + \frac{1}{LC}u_a(t) = \frac{1}{LC}U_0$$

c) Schritt 4 des Lösungsverfahrens: Lösen der Differentialgleichung:
Die Differentialgleichung lautet:

$$u_a''(t) + \frac{R}{L}u_a'(t) + \frac{1}{LC}u_a(t) = \frac{1}{LC}U_0$$

Es handelt sich um eine inhomohene lineare DGL 2. Ordnung mit konstanten Koeffizienten der Form:

$$y^{(2)} + a_1 y^{(1)} + a_0 y = r(x)$$

Die zugehörige homogene DGL lautet:

$$u_a''(t) + \frac{R}{L}u_a'(t) + \frac{1}{LC}u_a(t) = 0$$

Die zu dieser DGL zugehörige charakteristische Gleichung lautet:

$$\lambda^2 + a_1\lambda + a_0 = 0$$

Die konstanten Koeffizienten a_0 und a_1 sind also:

$$a_0 = \frac{1}{LC}$$

$$a_1 = \frac{R}{L}$$

Die Lösung der charakteristischen Gleichung und das Einsetzen von a_0 und a_1 ergibt:

$$\lambda_{1,2} = -\frac{a_1}{2} \pm \sqrt{\left(\frac{a_1}{2}\right)^2 - a_0}$$

Einsetzen der Bauelemente führt zu:

$$\lambda_{1,2} = -\frac{R}{2L} \pm \sqrt{\left(\frac{R}{2L}\right)^2 - \frac{1}{LC}}$$

$$\lambda_{1,2} = -\frac{R}{2L} \pm j \cdot \sqrt{\frac{1}{LC} - \left(\frac{R}{2L}\right)^2}$$

Verwendung der oben genannten Substitution führt zu:

$$\lambda_{1,2} = -\delta \pm j\omega_0$$

Die zugehörigen Funktionen y_1 und y_2 der Lösungsbasis der DGL sind somit:

$$y_1 = e^{\lambda_1 x}$$

$$y_2 = e^{\lambda_2 x}$$

Damit ist die allgemeine Lösung der homogenen DGL:

$$y_H = C_1 e^{\lambda_1 x} + C_2 e^{\lambda_2 x}$$

$$ = C_1 e^{(-\delta + j\omega_0)x} + C_2 e^{(-\delta - j\omega_0)x}$$

Die Störfunktion $r(x)$ lautet:

$$r(x) = \frac{1}{LC} U_0$$

Die Störfunktiuon $r(x)$ hat die Form $r(x) = e^{sx} \cdot P(x)$. Das Polynom $P(x)$ ist also:

$$P(x) = A_0$$

Damit ergeben sich A_0 und s zu:

$$r(x) = e^{sx} \cdot P(x) = e^{sx} \cdot A_0 = \frac{1}{LC} U_0$$

$$A_0 = \frac{1}{LC} U_0$$

$$s = 0$$

Der Ansatz der speziellen Lösung der inhomogenen DGL von y_S ist dann mit $Q(x)$ sowie s eingesetzt:

$$y_s = e^{sx} \cdot Q(x) = a_0$$

Die allgemeine Lösung der DGL von y bzw. $u_a(t)$ ergibt sich somit zu:

$$y = y_H + y_S$$
$$= C_1 e^{(-\delta + j\omega_0)x} + C_2 e^{(-\delta - j\omega_0)x} + a_0$$
$$u_a(t) = \underline{\underline{C_1 e^{(-\delta + j\omega_0)x} + C_2 e^{(-\delta - j\omega_0)x} + a_0}} \qquad \text{für } t > 0$$

d)

$$u_a(t \to \infty) = a_0 = U_0 \qquad \text{(Kondensator voll aufgeladen)}$$

e)

$$u_a(t) = C_1 e^{(-\delta + j\omega_0)t} + C_2 e^{(-\delta - j\omega_0)t} + a_0 \qquad \text{für } t > 0$$

$$= U_0 + \left(\frac{U_0 \lambda_2}{\lambda_1 - \lambda_2} e^{(j\omega_0 - \delta)t} - \frac{U_0 \lambda_1}{\lambda_1 - \lambda_2} e^{-(j\omega_0 + \delta)t} \right)$$

$$= U_0 \left(1 + \left(\frac{-\delta - j\omega_0}{2j\omega_0} e^{(j\omega_0 - \delta)t} - \frac{-\delta + j\omega_0}{2j\omega_0} e^{-(j\omega_0 + \delta)t} \right) \right)$$

$$= U_0 \left(1 + \frac{e^{-\delta t}}{2j\omega_0} \left((-\delta - j\omega_0)e^{j\omega_0 t} - (-\delta + j\omega_0)e^{-j\omega_0 t} \right) \right)$$

$$= U_0 \left(1 + \frac{e^{-\delta t}}{2j\omega_0} \left(-\delta e^{j\omega_0 t} + \delta e^{-j\omega_0 t} - j\omega_0 e^{j\omega_0 t} - j\omega_0 e^{-j\omega_0 t} \right) \right)$$

$$= U_0 \left(1 + \frac{e^{-\delta t}}{2j\omega_0} \left(-\delta 2j \frac{e^{j\omega_0 t} - e^{-j\omega_0 t}}{2j} - j\omega_0 2 \frac{e^{j\omega_0 t} + e^{-j\omega_0 t}}{2} \right) \right)$$

$$= U_0 \left(1 + \frac{e^{-\delta t}}{\omega_0} \left(-\delta \sin(\omega_0 t) - \omega_0 \cos(\omega_0 t) \right) \right)$$

$$= U_0 \left(1 - e^{-\delta t} \left(\frac{\delta}{\omega_0} \sin(\omega_0 t) + \cos(\omega_0 t) \right) \right)$$

$$= \underline{\underline{\sigma(t) \cdot U_0 \left(1 - e^{-\delta t} \left(\frac{\delta}{\omega_0} \sin(\omega_0 t) + \cos(\omega_0 t) \right) \right)}}$$

f)

$$u_a(t) = \sigma(t) \cdot U_0 \left(1 - e^{-\delta t} \left(\frac{\delta}{\omega_0} \cdot \sin(\omega_0 t) + \cos(\omega_0 t) \right) \right)$$

$$a(t) = \frac{u_a(t)}{U_0} = \sigma(t) \cdot \left(1 - e^{-\delta t} \left(\frac{\delta}{\omega_0} \cdot \sin(\omega_0 t) + \cos(\omega_0 t) \right) \right)$$

$$h(t) = \frac{da(t)}{dt} = \frac{d}{dt} \left(\sigma(t) \right) + \frac{d}{dt} \left(\sigma(t) \left(-e^{-\delta t} \right) \frac{\delta}{\omega_0} \cdot \sin(\omega_0 t) \right)$$

$$+ \frac{d}{dt} \left(\sigma(t) \left(-e^{-\delta t} \right) \cdot \cos(\omega_0 t) \right)$$

$$h_1(t) := \frac{d}{dt} \left(\sigma(t) \right) = \delta(t)$$

$$h_2(t) := \frac{d}{dt} \left(\sigma(t) \left(-e^{-\delta t} \right) \frac{\delta}{\omega_0} \sin(\omega_0 t) \right)$$

$$= \delta(t) \cdot (-1) \cdot \frac{\delta}{\omega_0} \cdot 0 + \sigma(t) \left(\delta e^{-\delta t} \frac{\delta}{\omega_0} \sin(\omega_0 t) + \left(-e^{-\delta t} \right) \cdot \delta \cdot \cos(\omega_0 t) \right)$$

$$= \sigma(t) \cdot e^{-\delta t} \cdot \delta \cdot \left(\frac{\delta}{\omega_0} \sin(\omega_0 t) - \cos(\omega_0 t) \right)$$

$$h_3(t) := \frac{d}{dt} \left(\sigma(t) \left(-e^{-\delta t} \right) \cos(\omega_0 t) \right)$$

$$= \delta(t) \cdot (-1) \cdot 1 + \sigma(t) \left(\delta e^{-\delta t} \cos(\omega_0 t) - \left(-e^{-\delta t} \right) \cdot \omega_0 \cdot \sin(\omega_0 t) \right)$$

$$= -\delta(t) + \sigma(t) e^{-\delta t} \left(\delta \cdot \cos(\omega_0 t) + \omega_0 \cdot \sin(\omega_0 t) \right)$$

$$= -\delta(t) + \sigma(t) e^{-\delta t} \delta \cdot \left(\cos(\omega_0 t) + \frac{\omega_0}{\delta} \sin(\omega_0 t) \right)$$

$$h(t) = h_1(t) + h_2(t) + h_3(t)$$

$$= \sigma(t) e^{-\delta t} \delta \cdot \left(\frac{\delta}{\omega_0} \sin(\omega_0 t) - \cos(\omega_0 t) \right) + \sigma(t) e^{-\delta t} \delta$$

$$\cdot \left(\cos(\omega_0 t) + \frac{\omega_0}{\delta} \sin(\omega_0 t) \right)$$

$$= \sigma(t) e^{-\delta t} \delta \cdot \left(\frac{\delta}{\omega_0} + \frac{\omega_0}{\delta} \right) \sin(\omega_0 t)$$

$$= \sigma(t) e^{-\delta t} \left(\frac{\delta^2}{\omega_0} + \omega_0 \right) \sin(\omega_0 t)$$

Lösung zur Aufgabe 12

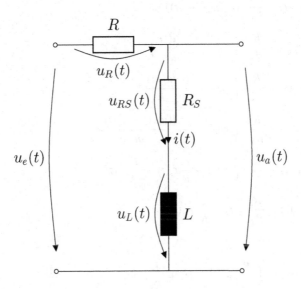

a) Schritt 1 des Lösungsverfahrens: Elementgleichungen aufstellen:

$$u_{RS}(t) = R_S \cdot i(t)$$

$$u_L(t) = L \cdot \frac{di(t)}{dt}$$

$$u_R(t) = R \cdot i(t)$$

Schritt 2 des Lösungsverfahrens: Maschen- und Knotenpunktgleichungen entsprechend den Kirchhoffschen Regeln aufstellen:

$$u_a(t) = u_e(t) - u_R(t)$$

$$u_a(t) = u_{RS}(t) + u_L(t)$$

b) Schritt 3 des Lösungsverfahrens: Auflösen des in Schritt 1 und 2 entstandenen Gleichungssystems:

$$u_a(t) = u_e(t) - u_R(t)$$

$$= u_e(t) - R \cdot i(t)$$

$$= u_e(t) - \frac{R}{R_S} \cdot u_{RS}(t)$$

$$= u_e(t) - \frac{R}{R_S} \cdot (u_a(t) - u_L(t))$$

$$= u_e(t) - \frac{R}{R_S} \cdot \left(u_a(t) - L\frac{di(t)}{dt} \right)$$

$$= u_e(t) - \frac{R}{R_S} \cdot \left(u_a(t) - \frac{L}{R}\frac{du_R(t)}{dt} \right)$$

$$= u_e(t) - \frac{R}{R_S} \cdot \left(u_a(t) - \frac{L}{R}\frac{d(u_e(t) - u_a(t))}{dt} \right)$$

$$= u_e(t) - \frac{R}{R_S} \cdot \left(u_a(t) - \frac{L}{R}u'_e(t) + \frac{L}{R}u'_a(t) \right)$$

$$= u_e(t) - \frac{R}{R_S}u_a(t) - \frac{L}{R_S}u'_a(t)$$

$$\implies \quad u_e(t) = \left(\frac{R}{R_S} + 1 \right) u_a(t) + \frac{L}{R_S}u'_a(t)$$

$$\implies \quad u'_a(t) + \frac{R + R_S}{L}u_a(t) = \frac{R_S}{L}U_0$$

c) Schritt 4 des Lösungsverfahrens: Lösen der Differentialgleichung:
   Die Differentialgleichung lautet:

$$u'_a(t) + \frac{R + R_S}{L}u_a(t) = \frac{R_S}{L}U_0$$

Es handelt sich um eine inhomogene lineare DGL 1. Ordnung mit konstanten Koeffizienten der Form:

$$y^{(1)} + a_0 y = r(x)$$

Die zugehörige homogene DGL lautet:

$$u'_a(t) + \frac{R + R_S}{L}u_a(t) = 0$$

Die zu dieser DGL zugehörige charakteristische Gleichung lautet:

$$\lambda + a_0 = 0$$

Der konstante Koeffizient a_0 ist also:

$$a_0 = \frac{R + R_S}{L}$$

Die Lösung der charakteristischen Gleichung und das Einsetzen von a_0 ergibt:

$$\lambda_1 = -a_0 = -\frac{R + R_S}{L}$$

Die zugehörige Funktion y_1 der Lösungsbasis der DGL ist somit:

$$y_1 = e^{\lambda_1 x} = e^{-\frac{R+R_S}{L}x}$$

Damit ist die allgemeine Lösung der homogenen DGL:

$$y_H = C_1 e^{-\frac{R+R_S}{L}x}$$

Die Störfunktion $r(x)$ lautet:

$$r(x) = \frac{R_S}{L}U_0$$

Die Störfunktion $r(x)$ hat die Form $r(x) = e^{sx} \cdot P(x)$. Das Polynom $P(x)$ ist also:

$$P(x) = A_0$$

Damit ergeben sich A_0 und s zu:

$$r(x) = e^{sx} \cdot P(x) = e^{sx} \cdot A_0 = \frac{R_S}{L}U_0$$

$$A_0 = \frac{R_S}{L} \cdot U_0$$

$$s = 0$$

Der Ansatz der speziellen Lösung der inhomogenen DGL von y_S ist dann mit $Q(x)$ sowie s eingesetzt:

$$y_S = e^{sx} \cdot Q(x) = a_0$$

Die allgemeine Lösung der DGL von y bzw. $u_a(t)$ ergibt sich somit zu:

$$y = y_H + y_S = C_1 e^{-\frac{R+R_S}{L}x} + a_0$$

$$\underline{u_a(t) = C_1 e^{-\frac{R+R_S}{L}t} + a_0} \qquad \text{für } t > 0$$

d)

$$u_a(t \to \infty) = a_0 = \underline{U_0 \frac{R_S}{R + R_S}} \qquad \text{(Spannungsteiler)}$$

$$u_a(t = +0) = C_1 + U_0 \frac{R_S}{R + R_S} = U_0 \qquad \text{(Ströme an Spulen können nicht springen)}$$

$$\implies \qquad \underline{C_1 = U_0 \frac{R}{R + R_S}}$$

e)

$$u_a(t) = \frac{U_0}{R + R_S} \left(R \cdot e^{-\frac{R+R_S}{L}t} + R_S \right) \qquad \text{für } t > 0$$

$$= \underline{\underline{\sigma(t) \cdot \frac{U_0}{R + R_S} \left(R \cdot e^{-\frac{R+R_S}{L}t} + R_S \right)}}$$

f)

$$a(t) = \frac{u_a(t)}{U_0} = \sigma(t) \cdot \frac{1}{R + R_S} \left(R \cdot e^{-\frac{R+R_S}{L}t} + R_S \right)$$

$$h(t) = \frac{da(t)}{dt} = \frac{d}{dt} \left(\sigma(t) \cdot \frac{R}{R + R_S} \cdot e^{-\frac{R+R_S}{L}t} \right) + \frac{d}{dt} \left(\sigma(t) \cdot \frac{R_S}{R + R_S} \right)$$

$$= \delta(t) \cdot \frac{R}{R + R_S} - \sigma(t) \cdot \frac{R}{L} \cdot e^{-\frac{R+R_S}{L}t} + \delta(t) \cdot \frac{R_S}{R + R_S}$$

$$= \underline{\underline{\delta(t) - \sigma(t) \cdot \frac{R}{L} \cdot e^{-\frac{R+R_S}{L}t}}}$$

Lösung zur Aufgabe 13

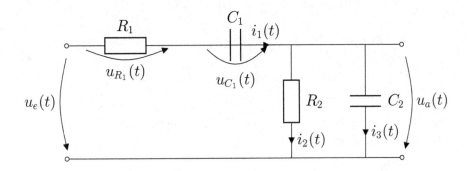

a) Schritt 1 des Lösungsverfahrens: Elementgleichungen aufstellen:

$$i_1(t) = C \cdot \frac{du_{C_1}(t)}{dt}$$

$$i_3(t) = C \cdot \frac{du_a(t)}{dt}$$

$$u_{R_1}(t) = R_1 \cdot i_1(t)$$

$$u_a(t) = R_2 \cdot i_2(t)$$

Schritt 2 des Lösungsverfahrens: Maschen- und Knotenpunktgleichungen entsprechend den Kirchhoffschen Regeln aufstellen:

$$u_a(t) = u_e(t) - u_{R_1}(t) - u_{C_1}(t)$$

$$i_1(t) = i_2(t) + i_3(t)$$

b) Schritt 3 des Lösungsverfahrens: Auflösen des in Schritt 1 und 2 entstandenen Gleichungssystems:

$$u_a(t) = u_e(t) - u_{R_1}(t) - u_{C_1}(t) \qquad | \quad \text{Ableiten}$$

$$u_a'(t) = u_e'(t) - u_{R_1}'(t) - u_{C_1}'(t)$$

$$= u_e'(t) - R i_1'(t) - \frac{1}{C} i_1(t)$$

$$= 0 - R\left(i_2'(t) + i_3'(t)\right) - \frac{1}{C}\left(i_2(t) + i_3(t)\right)$$

$$= -Ri_2'(t) - Ri_3'(t) - \frac{1}{C}i_2(t) - \frac{1}{C}i_3(t)$$

$$= -R\frac{1}{R}u_a'(t) - RCu_a''(t) - \frac{1}{C}\frac{1}{R}u_a(t) - \frac{1}{C}Cu_a'(t)$$

$$= -RCu_a''(t) - 3u_a'(t) - \frac{1}{RC}u_a(t)$$

$$u_a''(t) + \frac{3}{RC}u_a'(t) + \frac{1}{(RC)^2}u_a(t) = 0$$

c) Schritt 4 des Lösungsverfahrens: Lösen der Differentialgleichung:
Die Differentialgleichung lautet:

$$u_a''(t) + \frac{3}{RC}u_a'(t) + \frac{1}{(RC)^2}u_a(t) = 0$$

Es handelt sich um eine homogene lineare DGL 2. Ordnung mit konstanten Koeffizienten und der Form:

$$y^{(2)} + a_1 y^{(1)} + a_0 y = r(x)$$

Die zu dieser DGL zugehörige charakteristische Gleichung lautet:

$$\lambda^2 + a_1\lambda + a_0 = 0$$

Die konstanten Koeffizienten a_1 und a_0 sind also:

$$a_0 = \frac{1}{(RC)^2}$$

$$a_1 = \frac{3}{RC}$$

Die Lösung der charakteristischen Gleichung und das Einsetzen von a_0 und a_1 ergibt:

$$\lambda_{1,2} = -\frac{a_1}{2} \pm \sqrt{\left(\frac{a_1}{2}\right)^2 - a_0}$$

$$= -\frac{\frac{3}{RC}}{2} \pm \sqrt{\left(\frac{\frac{3}{RC}}{2}\right)^2 - \frac{1}{(RC)^2}}$$

$$= -\frac{3}{2RC} \pm \sqrt{\frac{5}{4(RC)^2}}$$

$$= -\frac{3}{2RC} \pm \frac{\sqrt{5}}{2RC}$$

$$= \frac{-3 \pm \sqrt{5}}{2RC}$$

$$\lambda_1 = \underline{\frac{-3 + \sqrt{5}}{2RC}}$$

$$\lambda_1 = \underline{\frac{-3 - \sqrt{5}}{2RC}}$$

Die zugehörigen Funktionen y_1 und y_2 der Lösungsbasis der DGL sind somit:

$$y_1 = e^{\lambda_1 x} = e^{\frac{-3+\sqrt{5}}{2RC}x}$$

$$y_2 = e^{\lambda_2 x} = e^{\frac{-3-\sqrt{5}}{2RC}x}$$

Die allgemeine Lösung der DGL von y bzw. $u_a(t)$ ergibt sich somit zu:

$$y_H = C_1 e^{\frac{-3+\sqrt{5}}{2RC}x} + C_2 e^{\frac{-3-\sqrt{5}}{2RC}x}$$

$$u_a(t) = \underline{\underline{C_1 e^{\frac{-3+\sqrt{5}}{2RC}t} + C_2 e^{\frac{-3-\sqrt{5}}{2RC}t}}}$$

d)

1. $\quad u_a(t = 0^+) = C_1 + C_2 = 0$

$$\Rightarrow \quad C_1 = -C_2$$

2. $\quad u_a(t \to \infty) = 0 + 0 = 0$

e)

$$u_a(t) = C_1 e^{\frac{-3+\sqrt{5}}{2RC}t} - C_1 e^{\frac{-3-\sqrt{5}}{2RC}t}$$

$$= C_1 \left(e^{\frac{-3+\sqrt{5}}{2RC}t} - e^{\frac{-3-\sqrt{5}}{2RC}t} \right)$$

$$= \underline{\underline{C_1 e^{\frac{-3}{2RC}t} \left(e^{\frac{\sqrt{5}}{2RC}t} - e^{\frac{-\sqrt{5}}{2RC}t} \right)}} \qquad \text{für } t > 0$$

f)

$$u_a(t) = \sigma(t) \cdot \frac{U_0}{\sqrt{5}} e^{\frac{-3}{2RC}t} \left(e^{\frac{\sqrt{5}}{2RC}t} - e^{\frac{-\sqrt{5}}{2RC}t} \right)$$

g)

$$a(t) = \frac{u_a(t)}{U_0} = \sigma(t) \cdot \frac{1}{\sqrt{5}} e^{\frac{-3}{2RC}t} \left(e^{\frac{\sqrt{5}}{2RC}t} - e^{\frac{-\sqrt{5}}{2RC}t} \right)$$

$$h(t) = \frac{da(t)}{dt} = \frac{d}{dt} \left(\frac{1}{\sqrt{5}} e^{\frac{-3}{2RC}t} \left(e^{\frac{\sqrt{5}}{2RC}t} - e^{\frac{-\sqrt{5}}{2RC}t} \right) \right)$$

$$= \delta(t) \frac{1}{\sqrt{5}} e^{\frac{-3}{2RC}t} \left(e^{\frac{\sqrt{5}}{2RC}t} - e^{\frac{-\sqrt{5}}{2RC}t} \right) + \sigma(t) \frac{d}{dt} \left(\frac{1}{\sqrt{5}} e^{\frac{-3}{2RC}t} \left(e^{\frac{\sqrt{5}}{2RC}t} - e^{\frac{-\sqrt{5}}{2RC}t} \right) \right)$$

$$= \sigma(t) \frac{1}{\sqrt{5}} \frac{d}{dt} \left(e^{\frac{-3}{2RC}t} \left(e^{\frac{\sqrt{5}}{2RC}t} - e^{\frac{-\sqrt{5}}{2RC}t} \right) \right)$$

$$= \sigma(t) \frac{1}{\sqrt{5}} \frac{-3}{2RC} e^{\frac{-3}{2RC}t} \left(e^{\frac{\sqrt{5}}{2RC}t} - e^{\frac{-\sqrt{5}}{2RC}t} \right) + \frac{1}{\sqrt{5}} \frac{\sqrt{5}}{2RC} e^{\frac{-3}{2RC}t} \left(e^{\frac{\sqrt{5}}{2RC}t} + e^{\frac{-\sqrt{5}}{2RC}t} \right)$$

$$= \sigma(t) \frac{1}{2RC} e^{\frac{-3}{2RC}t} \left(e^{\frac{\sqrt{5}}{2RC}t} + e^{\frac{-\sqrt{5}}{2RC}t} - \frac{3}{\sqrt{5}} \left(e^{\frac{\sqrt{5}}{2RC}t} - e^{\frac{-\sqrt{5}}{2RC}t} \right) \right)$$

Impuls- und Sprungantwort

4

Zusammenfassung

Impuls- und Sprungatwort sind charakteristische Kenngrößen eines Systems.

Die **Impulsantwort** $h(t)$ ist das Ausgangssignal $y(t)$ eines Systems, wenn am Eingang das Signal

$$x(t) = \delta(t)$$

angelegt wird. $\delta(t)$ ist die Dirac-Funktion, auch Dirac-Impuls, Delta-Funktion, Impulsfunktion, Delta-Distribution oder Dirac-Stoss genannt.

Die **Sprungantwort** $a(t)$ ist das Ausgangssignal $y(t)$ eines Systems, wenn am Eingang das Signal

$$x(t) = \sigma(t)$$

angelegt wird. $\sigma(t)$ ist die Sprungfunktion, auch Sigma-Funktion oder Einheitssprung genannt.

Achtung: In der Literatur und im Internet werden teilweise auch andere Formelzeichen für die Impuls- bzw. die Sprungantwort benutzt. Oftmals wird für die Impulsantwort $g(t)$ anstelle wie hier $h(t)$ verwendet, für die Sprungantwort wird oft $h(t)$ anstelle wie hier $a(t)$ benutzt.

Impuls- bzw. Sprungantwort können über die folgenden Zusammenhänge ineinander überführt werden:

© Springer Fachmedien Wiesbaden GmbH, ein Teil von Springer Nature 2020
Bernhard Rieß und Christoph Wallraff, *Übungsbuch Signale und Systeme*,
https://doi.org/10.1007/978-3-658-30371-6_4

$$h(t) = \frac{da(t)}{dt}$$

$$a(t) = \int_{-\infty}^{t} h(\tau)\, d\tau$$

Im folgenden Kapitel werden diese Zusammenhänge geübt und vertieft.

4.1   Übungsaufgaben

Aufgabe 1

Gegeben sind die folgenden Impulsantworten. Ermitteln Sie jeweils die zugehörige Sprungantwort. Skizzieren Sie für alle Teilaufgaben jeweils die Impulsantwort und die Sprungantwort.

a) $h(t) = \delta(t)$

b) $h(t) = \sigma(t) \cdot e^{-\frac{t}{RC}}$

c) $h(t) = \sigma(t) \cdot t \cdot e^{-t}$

d) $h(t) = 2 \cdot \delta(t) + \sigma(t) \cdot e^{t}$

e) $h(t) = \begin{cases} 0 & \text{für } t < 0 \\ \sin(bt) & \text{sonst} \end{cases}$

f) $h(t) = \delta(t) - \delta(t-1)$

Aufgabe 2

Gegeben sind die folgenden Sprungantworten. Ermitteln Sie jeweils die zugehörige Impulsantwort. Skizzieren Sie für alle Teilaufgaben jeweils die Sprungantwort und die Impulsantwort.

a) $a(t) = \sigma(t) \cdot e^{-t}$

b) $a(t) = -2 \cdot \sigma(t) \cdot e^{-\frac{1}{RC}t}$

c) $a(t) = \sigma(t) \cdot (1 - e^{-\frac{R}{L}t})$

d) $a(t) = 3 \cdot \sigma(t) - \sigma(t-1)$

e) $a(t) = \begin{cases} 0 & \text{für } t \le 0 \\ t & \text{für } 0 < t \le 1 \\ -t + 2 & \text{sonst} \end{cases}$

4.2 Musterlösungen

Lösung zur Aufgabe 1

a)

$$h(t) = \delta(t)$$

$$a(t) = \int_{-\infty}^{t} h(\tau)\, d\tau$$

$$= \int_{-\infty}^{t} \delta(\tau)\, d\tau$$

$$= \sigma(\tau)\Big|_{-\infty}^{t}$$

$$= \sigma(t) - \underbrace{\sigma(-\infty)}_{=0}$$

$$= \underline{\underline{\sigma(t)}}$$

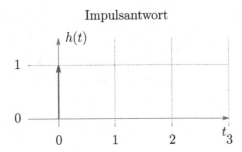

Impulsantwort

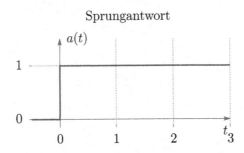

Sprungantwort

b)

$$h(t) = \sigma(t) \cdot e^{-\frac{t}{RC}}$$

$$a(t) = \int_{-\infty}^{t} \sigma(\tau) \cdot e^{-\frac{\tau}{RC}} \, d\tau$$

$$= \int_{0}^{t} e^{-\frac{\tau}{RC}} \, d\tau$$

$$= -RC \left[e^{-\frac{\tau}{RC}} \right]_{0}^{t} \cdot \sigma(t)$$

$$= -RC \left[e^{-\frac{t}{RC}} - 1 \right] \cdot \sigma(t)$$

$$= \underline{\underline{RC \cdot \sigma(t) \cdot \left(1 - e^{-\frac{t}{RC}} \right)}}$$

Impulsantwort

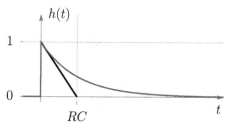

Sprungantwort

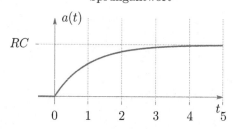

c)

$$h(t) = \sigma(t) \cdot t \cdot e^{-t}$$

$$a(t) = \int\limits_{-\infty}^{t} h(\tau)\, d\tau$$

$$= \int\limits_{0}^{t} \tau \cdot e^{-\tau}\, d\tau \qquad \text{Bronstein}^1 \text{ Integral Nr. 448}$$

$$= \left[\frac{1}{(-1)^2} \cdot e^{-\tau}((-1) \cdot \tau - 1) \right]_0^t \qquad \text{für } t > 0$$

$$= e^{-t}[-t - 1] - e^0[0 - 1]$$

$$= -t\,e^{-t} - e^{-t} + 1$$

$$= \underline{\underline{\sigma(t) \cdot (1 - e^{-t} - t \cdot e^{-t})}}$$

Impulsantwort

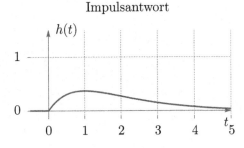

Sprungantwort

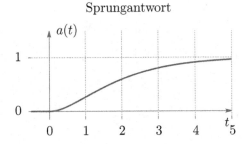

---

^{1}Bronstein I A, Semendjajew K A (2012) Taschenbuch der Mathematik, Harri Deutsch, Thun und Frankfurt (Main)

d)

$$h(t) = 2 \cdot \delta(t) + \sigma(t) \cdot e^t$$

$$a(t) = \int\limits_{-\infty}^{t} h(\tau)\, d\tau$$

$$= 2 \cdot \int\limits_{-\infty}^{t} \delta(\tau)\, d\tau + \int\limits_{0}^{t} e^{\tau}\, d\tau \quad \text{falls } t > 0$$

$$= 2 \cdot \sigma(t) + (e^t - 1)\sigma(t)$$

$$= (2 - 1 + e^t)\sigma(t)$$

$$= \underline{\underline{\sigma(t) \cdot (1 + e^t)}}$$

Impulsantwort

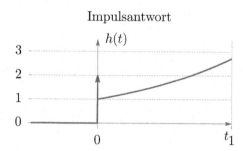

Sprungantwort

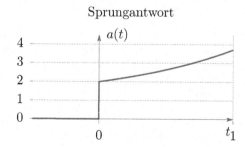

e)

$$h(t) = \sigma(t) \cdot \sin(bt)$$

$$a(t) = \int\limits_{-\infty}^{t} h(\tau)\,\mathrm{d}\tau$$

$$= \int\limits_{0}^{t} \sin(b\tau)\,\mathrm{d}\tau \quad \text{für } t > 0 \text{ sonst } 0 \qquad \text{Bronstein}^2 \text{ Integral Nr. 274}$$

$$= -\frac{1}{b}\,[\cos(b\tau)]_0^t$$

$$= -\frac{1}{b}\,[\cos(bt) - 1] \quad \text{für } t > 0$$

$$= \frac{1}{b}\,[1 - \cos(bt)] \cdot \sigma(t) \quad \text{für } t \in \mathbb{R}$$

Nebenrechnung: mit: $\sin^2(t) = \dfrac{1 - \cos(2t)}{2}$

$$1 - \cos(bt) = 2 \cdot \frac{1 - \cos(bt)}{2} = 2 \cdot \frac{1 - \cos\left(2\frac{b}{2}t\right)}{2}$$

$$= 2 \cdot \sin^2\left(\frac{b}{2}t\right)$$

$$= \sigma(t) \cdot \frac{1}{b}\left[2\sin^2\left(\frac{b}{2}t\right)\right]$$

$$= \underline{\underline{\sigma(t) \cdot \frac{2}{b}\sin^2\left(\frac{b}{2}t\right)}}$$

Impulsantwort

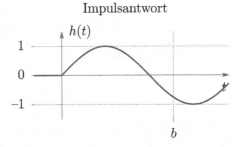

^{2}Bronstein I A, Semendjajew K A (2012) Taschenbuch der Mathematik, Harri Deutsch, Thun und Frankfurt (Main)

Sprungantwort

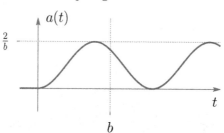

f)

$$h(t) = \delta(t) - \delta(t-1)$$

$$a(t) = \int\limits_{-\infty}^{t} h(\tau)\, \mathrm{d}\tau$$

$$= \int\limits_{-\infty}^{t} \delta(\tau)\, \mathrm{d}\tau - \int\limits_{-\infty}^{t} \delta(\tau-1)\, \mathrm{d}\tau$$

$$= \sigma(t) - \sigma(t-1)$$

$$= \mathrm{rect}\left(t - \frac{1}{2}\right)$$

Impulsantwort

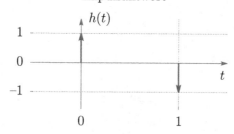

Sprungantwort

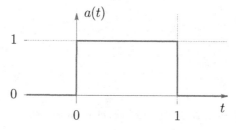

Lösung zur Aufgabe 2

a)

$$a(t) = \sigma(t) \cdot e^{-t}$$

$$h(t) = \frac{da(t)}{dt} \qquad \text{Produktregel}$$

$$= \delta(t) \cdot e^{-t} + \sigma(t)(-1) e^{-t}$$

$$= \underline{\underline{\delta(t) - \sigma(t) e^{-t}}}$$

Sprungantwort

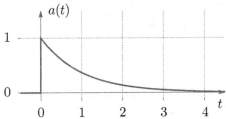

Impulsantwort

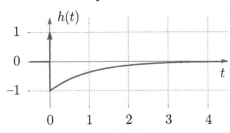

b)

$$a(t) = -2 \cdot \sigma(t) \cdot e^{-\frac{1}{RC}t}$$

$$h(t) = \frac{da(t)}{dt} \qquad \text{Produktregel}$$

$$= -2\delta(t) \cdot e^{-\frac{1}{RC}t} + (-2)\sigma(t) \cdot \left(-\frac{1}{RC}\right) e^{-\frac{1}{RC}t}$$

$$= -2 \cdot \delta(t) + \frac{2}{RC}\sigma(t)\,e^{-\frac{1}{RC}t}$$

$$= 2\left(\frac{1}{RC}\sigma(t)\,e^{-\frac{1}{RC}t} - \delta(t)\right)$$

Sprungantwort

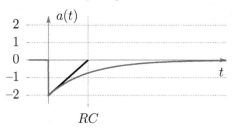

$$RC$$

Impulsantwort

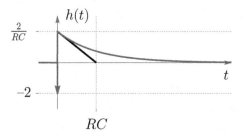

$$RC$$

c)

$$a(t) = \sigma(t) \cdot \left(1 - e^{-\frac{R}{L}t}\right) = \sigma(t) - \sigma(t) \cdot e^{-\frac{R}{L}t}$$

$$h(t) = \frac{da(t)}{dt} \qquad \text{Produktregel}$$

$$= \delta(t) - \delta(t) \cdot e^{-\frac{R}{L}t} + (-\sigma(t)) \cdot \left(-\frac{R}{L}\right)e^{-\frac{R}{L}t}$$

$$= \delta(t) - \delta(t) + \sigma(t) \cdot \frac{R}{L}e^{-\frac{R}{L}t}$$

$$= \sigma(t) \cdot \frac{R}{L}e^{-\frac{R}{L}t}$$

Sprungantwort

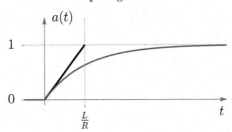

Impulsantwort

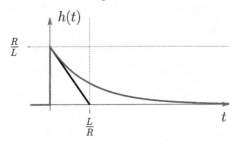

d)

$$a(t) = 3 \cdot \sigma(t) - \sigma(t-1)$$

$$h(t) = \frac{\mathrm{d}a(t)}{\mathrm{d}t}$$

$$= \underline{\underline{3 \cdot \delta(t) - \delta(t-1)}}$$

Sprungantwort

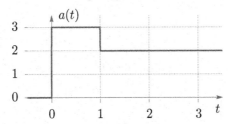

Impulsantwort

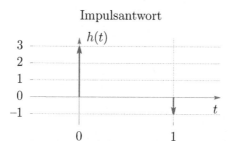

e)

$$a(t) = \begin{cases} 0 & \text{für } t \le 0 \\ t & \text{für } 0 < t \le 1 \\ -t + 2 & \text{sonst} \end{cases}$$

$$h(t) = \frac{\mathrm{d}a(t)}{\mathrm{d}t}$$

$$h(t) = \begin{cases} 0 & \text{für } t \le 0 \\ 1 & \text{für } 0 < t \le 1 \\ -1 & \text{sonst} \end{cases}$$

Sprungantwort

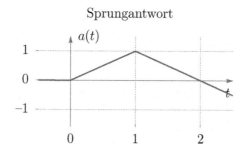

Impulsantwort

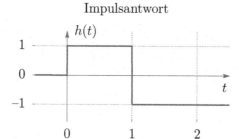

Faltung

5

Zusammenfassung

Die Antwort $y(t)$ eines in Ruhe befindlichen linearen zeitinvarianten Systems mit der Impulsantwort $h(t)$ auf eine **beliebige** kausale Erregung $x(t)$ kann im Zeitbereich folgendermaßen berechnet werden:

$$y(t) = \int\limits_0^t x(\tau) \cdot h(t-\tau)\, d\tau$$

oder:

$$y(t) = \int\limits_0^t x(t-\tau) \cdot h(\tau)\, d\tau$$

Die beiden Integrale werden auch als **Faltungsintegrale** bezeichnet.
Die Schreibweise als Faltungsprodukt lautet:

$$y(t) = x(t) * h(t)$$

Das heißt, das Ausgangssignal ist gleich dem Eingangssignal gefaltet mit der Impulsantwort.

In diesem Kapitel wird das Ausgangssignal mehrerer linearer zeitinvarianter Systeme mit Hilfe der Methode der Faltung berechnet.

Zur praktischen Durchführung der Faltung empfiehlt sich folgende **Vorgehensweise**:

1. Zeichnen des Graphen von $h(t)$.
2. Zeichnen des Graphen von $x(t)$.

3. Entscheiden, welche Funktion $x(t)$ oder $h(t)$ leichter gespiegelt und verschoben werden kann.

4. Zeitintervalle für Fallunterscheidungen festlegen.

5. Eigene Skizze für jeden Fall zeichnen.

6. Jeweilige Integrationsgrenzen festlegen.

7. Integration für jeden einzelnen Fall ausführen.

Ergebnis ist eine **zeitlich stückweise** Beschreibung des Ausgangssignals $y(t)$.

Für die Faltung gelten folgende **Rechenregeln**:

Kommutativgesetz	$a(t) * b(t) = b(t) * a(t)$
Distributivgesetz	$(a(t) + b(t)) * c(t) = a(t) * c(t) + b(t) * c(t)$
Assioziativgesetz	$d(t) = (a(t) * b(t)) * c(t) = (a(t) * c(t)) * b(t)$
Eins-Element	$\delta(t) * h(t)) = h(t)$
Differentiation	$c(t) = a(t) * \frac{db(t)}{dt} = \frac{da(t)}{dt} * b(t)$

5.1   Übungsaufgaben

Bearbeiten Sie zu jedem der in den folgenden Aufgaben beschriebenen Systeme die folgenden Teilaufgaben:

a) Skizzieren Sie die Impulsantwort $h(t)$.

b) Skizzieren Sie das Eingangssignal $x(t)$.

c) Berechnen Sie das Ausgangssignal $y(t)$ mittels Faltung.

d) Skizzieren Sie das Ausgangssignal $y(t)$.

Aufgabe 1

$$h(t) = \text{rect}(t - 0{,}5)$$

$$x(t) = \sigma(t)$$

Aufgabe 2

$$h(t) = \text{rect}(t - 0{,}5)$$

$$x(t) = \text{rect}(t - 0{,}5)$$

Aufgabe 3

$$h(t) = \sigma(t) \cdot \frac{1}{RC} \cdot e^{-\frac{1}{RC}t}$$

$$x(t) = U_0 \cdot \sigma(t)$$

Aufgabe 4

$$h(t) = \delta(t - \pi)$$

$$x(t) = \sin(t) \cdot \text{rect}\left(\frac{t}{\pi} - \frac{1}{2}\right)$$

Aufgabe 5

$$h(t) = \text{tri}(t - 1)$$

$$x(t) = \text{rect}\left(t - \frac{1}{2}\right)$$

Aufgabe 6

$$h(t) = \text{rect}(t - 0{,}5) \cdot t$$

$$x(t) = \sigma(t) + \sigma(t - 1)$$

5.2   Musterlösungen

Lösung zur Aufgabe 1

a) Schritt 1 des Lösungsverfahrens: Zeichnen des Graphen von $h(t)$.

$$h(t) = \text{rect}(t - 0{,}5)$$

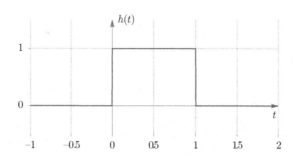

b) Schritt 2 des Lösungsverfahrens: Zeichnen des Graphen von $x(t)$.

$$x(t) = \sigma(t)$$

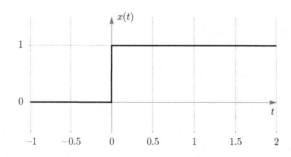

c) Schritt 3 des Lösungsverfahrens: Entscheiden, welche Funktion $x(t)$ oder $h(t)$ leichter gespiegelt und verschoben werden kann:

$$y(t) = \int_0^t x(\tau) \cdot h(-\tau + t) \, d\tau$$

$$= \int_0^t x(t - \tau) \cdot h(\tau) \, d\tau$$

$$= \int_0^t \sigma(t - \tau) \cdot \text{rect}\left(\tau - \frac{1}{2}\right) \, d\tau \qquad \Rightarrow \text{Spiegelung von } x(t).$$

Schritt 4 des Lösungsverfahrens: Zeitintervalle für Fallunterscheidungen festlegen:

1. Fall: $t \leq 0$
2. Fall: $0 < t \leq 1$
3. Fall: $t > 1$

<u>1. Fall: $t \leq 0$</u>
Schritt 5 des Lösungsverfahrens: Eigene Skizze für jeden Fall zeichnen:

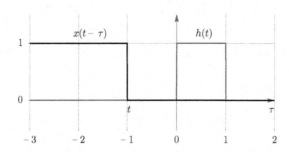

Schritt 6 des Lösungsverfahrens: Jeweilige Integrationsgrenzen festlegen:
Hier gibt es kein Zeitintervall, für das **beide** Funktionen **gleichzeitig** ungleich 0 sind.
Schritt 7 des Lösungsverfahrens: Integration für jeden einzelnen Fall ausführen:

$$
y_1(t) = \int\limits_0^t \sigma(t - \tau) \cdot \text{rect}\left(\tau - \frac{1}{2}\right) \, d\tau
$$

$$
= \underline{\underline{0}}
$$

2. Fall: $0 < t \leq 1$
Schritt 5 des Lösungsverfahrens: Eigene Skizze für jeden Fall zeichnen:

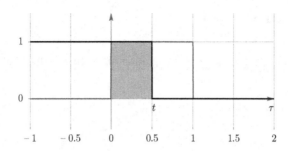

Schritt 6 des Lösungsverfahrens: Jeweilige Integrationsgrenzen festlegen:

Integrationsanfang: $\tau = 0$
Integrationsende: $\tau = t$

Schritt 7 des Lösungsverfahrens: Integration für jeden einzelnen Fall ausführen:

$$y_2(t) = \int_0^t \sigma(t - \tau) \cdot \text{rect}\left(\tau - \frac{1}{2}\right) \, d\tau$$

$$= \int_0^t 1 \cdot 1 \, d\tau$$

$$= \tau \Big|_0^t$$

$$\underline{\underline{= t}}$$

3. Fall: $t > 1$
Schritt 5 des Lösungsverfahrens: Eigene Skizze für jeden Fall zeichnen:

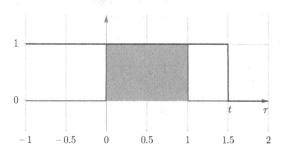

Schritt 6 des Lösungsverfahrens: Jeweilige Integrationsgrenzen festlegen:

Integrationsanfang: $\tau = 0$
Integrationsende: $\tau = 1$

Schritt 7 des Lösungsverfahrens: Integration für jeden einzelnen Fall ausführen:

$$y_3(t) = \int_0^1 1 \, d\tau$$

$$= \tau \Big|_0^1$$

$$\underline{\underline{= 1}}$$

Gesamtergebnis:

$$y(t) = \begin{cases} 0 & \text{falls } t \leq 0 \\ t & \text{falls } 0 < t \leq 1 \\ 1 & \text{falls } t > 1 \end{cases}$$

$$= \sigma(t) \cdot \left[\text{rect}\left(t - \frac{1}{2}\right) \cdot t + \sigma(t-1) \right]$$

$$= \underline{\underline{\text{rect}\left(t - \frac{1}{2}\right) \cdot t + \sigma(t-1)}}$$

d) Skizze:

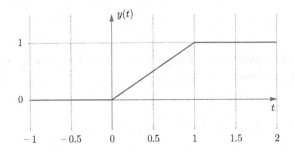

Lösung zur Aufgabe 2

a) Schritt 1 des Lösungsverfahrens: Zeichnen des Graphen von $h(t)$.

$$h(t) = \text{rect}(t - 0{,}5)$$

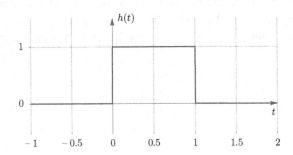

b) Schritt 2 des Lösungsverfahrens: Zeichnen des Graphen von $x(t)$.

$$x(t) = \text{rect}(t - 0{,}5)$$

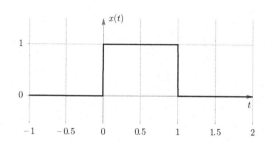

c) Schritt 3 des Lösungsverfahrens: Entscheiden, welche Funktion $x(t)$ oder $h(t)$ leichter gespiegelt und verschoben werden kann:

$$y(t) = x(t) * h(t) = \int\limits_{0}^{t} x(\tau) \cdot h(-\tau + t)\, d\tau$$

$$= \int\limits_{0}^{t} \text{rect}\left(\tau - \frac{1}{2}\right) \cdot \text{rect}\left(t - \tau - \frac{1}{2}\right) d\tau$$

$$= \int\limits_{0}^{t} \text{rect}\left(\tau - \frac{1}{2}\right) \cdot \text{rect}\left(-\tau + t - \frac{1}{2}\right) d\tau$$

$\Rightarrow$ Hier sind beide Funktionen $h(t)$ und $x(t)$ gleich $\Rightarrow$ Es ist egal, welche der beiden Funktionen gespiegelt wird. Hier wird nun $h(t)$ gespiegelt.

Schritt 4 des Lösungsverfahrens: Zeitintervalle für Fallunterscheidungen festlegen:

1. Fall: $t \le 0$
2. Fall: $0 < t \le 1$
3. Fall: $1 < t \le 2$
4. Fall: $t > 2$

1. Fall: $t \leq 0$
Schritt 5 des Lösungsverfahrens: Eigene Skizze für jeden Fall zeichnen:

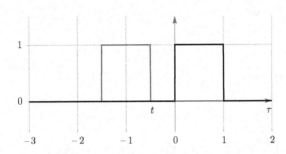

Schritt 6 des Lösungsverfahrens: Jeweilige Integrationsgrenzen festlegen:
Hier gibt es kein Zeitintervall, für das **beide** Funktionen **gleichzeitig** ungleich 0 sind.
Schritt 7 des Lösungsverfahrens: Integration für jeden einzelnen Fall ausführen:

$$y_1(t) = \int\limits_0^t \text{rect}\left(\tau - \frac{1}{2}\right) \cdot \text{rect}\left(-\tau + t - \frac{1}{2}\right) \, d\tau$$

$$= \underline{\underline{0}}$$

2. Fall: $0 < t \leq 1$
Schritt 5 des Lösungsverfahrens: Eigene Skizze für jeden Fall zeichnen:

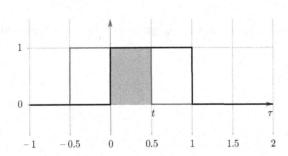

Schritt 6 des Lösungsverfahrens: Jeweilige Integrationsgrenzen festlegen:

Integrationsanfang: $\tau = 0$
Integrationsende: $\tau = t$

Schritt 7 des Lösungsverfahrens: Integration für jeden einzelnen Fall ausführen:

$$y_2(t) = \int\limits_0^t 1 \cdot 1 \, d\tau$$

$$= \tau \, \bigg|_0^t$$

$$= \underline{\underline{t}}$$

3. Fall: $1 < t \le 2$

Schritt 5 des Lösungsverfahrens: Eigene Skizze für jeden Fall zeichnen:

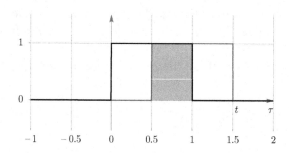

Schritt 6 des Lösungsverfahrens: Jeweilige Integrationsgrenzen festlegen:

Integrationsanfang: $\tau = t - 1$
Integrationsende: $\tau = 1$

Schritt 7 des Lösungsverfahrens: Integration für jeden einzelnen Fall ausführen:

$$y_3(t) = \int\limits_{t-1}^1 1 \cdot 1 \, d\tau$$

$$= \tau \, \bigg|_{t-1}^1$$

$$= 1 - (t - 1)$$

$$= \underline{\underline{2 - t}}$$

4. Fall: $t > 2$

Schritt 5 des Lösungsverfahrens: Eigene Skizze für jeden Fall zeichnen:

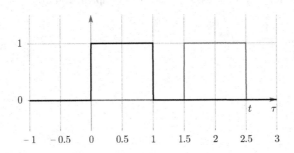

Schritt 6 des Lösungsverfahrens: Jeweilige Integrationsgrenzen festlegen:

Hier gibt es kein Zeitintervall, für das **beide** Funktionen **gleichzeitig** ungleich 0 sind.

Schritt 7 des Lösungsverfahrens: Integration für jeden einzelnen Fall ausführen:

$$y_4(t) = \underline{\underline{0}}$$

Gesamtergebnis:

$$y(t) = \begin{cases} t & \text{falls } 0 < t \le 1 \\ 2 - t & \text{falls } 1 < t \le 2 \\ 0 & \text{sonst} \end{cases}$$

d) Skizze:

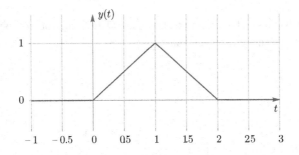

Lösung zur Aufgabe 3

a) Schritt 1 des Lösungsverfahrens: Zeichnen des Graphen von $h(t)$.

$$h(t) = \sigma(t) \cdot \frac{1}{RC} \cdot e^{-\frac{1}{RC}t}$$

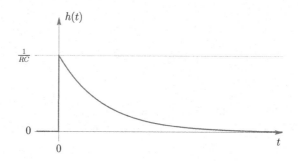

b) Schritt 2 des Lösungsverfahrens: Zeichnen des Graphen von $x(t)$.

$$x(t) = U_0 \cdot \sigma(t)$$

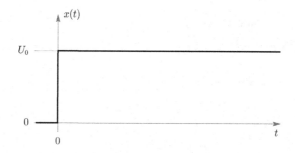

c) Schritt 3 des Lösungsverfahrens: Entscheiden, welche Funktion $x(t)$ oder $h(t)$ leichter gespiegelt und verschoben werden kann:

$$y(t) = \int\limits_0^t h(\tau) \cdot x(-\tau + t)\, d\tau$$

$$= \int\limits_0^t \frac{1}{RC}\, e^{-\frac{1}{RC}\tau} \cdot U_0 \cdot \sigma(-\tau + t)\, d\tau$$

$\Rightarrow$ Die Funktion $x(t)$ wird gespiegelt.

Schritt 4 des Lösungsverfahrens: Zeitintervalle für Fallunterscheidungen festlegen:

1. Fall: $t \leq 0$
2. Fall: $t > 0$

1. Fall: $t \leq 0$

Schritt 5 des Lösungsverfahrens: Eigene Skizze für jeden Fall zeichnen:

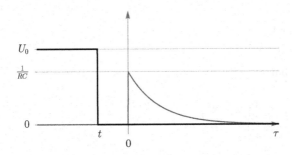

Schritt 6 des Lösungsverfahrens: Jeweilige Integrationsgrenzen festlegen:

Hier gibt es kein Zeitintervall, für das **beide** Funktionen **gleichzeitig** ungleich 0 sind.

Schritt 7 des Lösungsverfahrens: Integration für jeden einzelnen Fall ausführen:

$$y_1(t) = 0$$

2. Fall: $t > 0$

Schritt 5 des Lösungsverfahrens: Eigene Skizze für jeden Fall zeichnen:

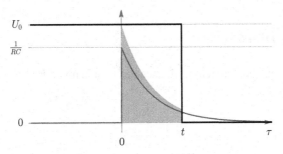

Schritt 6 des Lösungsverfahrens: Jeweilige Integrationsgrenzen festlegen:

Integrationsanfang: $\tau = 0$
Integrationsende: $\tau = t$

Schritt 7 des Lösungsverfahrens: Integration für jeden einzelnen Fall ausführen:

$$y_2(t) = \int_0^t \frac{1}{RC}\, e^{-\frac{1}{RC}\tau} \cdot U_0 \cdot \sigma(-\tau + t)\, d\tau$$

$$= \frac{U_0}{RC} \cdot \int_0^t e^{-\frac{1}{RC}\tau}\, d\tau$$

$$= \frac{U_0}{RC} \cdot \left[-RC \cdot e^{-\frac{1}{RC}\tau} \right]_0^t$$

$$= -U_0 \left[e^{-\frac{1}{RC}t} - 1 \right]$$

$$= U_0 \left[1 - e^{-\frac{t}{RC}} \right]$$

Gesamtergebnis:

$$y(t) = \sigma(t) \cdot U_0 \left[1 - e^{-\frac{t}{RC}} \right]$$

d) Skizze:

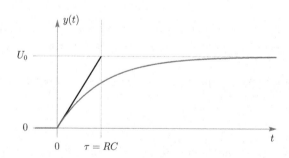

Lösung zur Aufgabe 4

a) Schritt 1 des Lösungsverfahrens: Zeichnen des Graphen von $h(t)$.

$$h(t) = \delta(t - \pi)$$

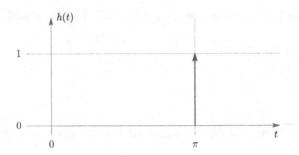

b) Schritt 2 des Lösungsverfahrens: Zeichnen des Graphen von $x(t)$.

$$x(t) = \sin(t) \cdot \text{rect}\left(\frac{t}{\pi} - \frac{1}{2}\right)$$

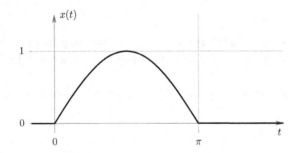

c) Schritt 3 des Lösungsverfahrens: Entscheiden, welche Funktion $x(t)$ oder $h(t)$ leichter gespiegelt und verschoben werden kann:

$$y(t) = x(t) \cdot h(t)$$

$$= \int_0^t x(\tau) \cdot h(-\tau + t) \, d\tau$$

$$= \int_0^t \sin(\tau) \cdot \text{rect}(\frac{\tau}{\pi} - \frac{1}{2}) \cdot \delta(-\tau + t - \pi) \, d\tau$$

$\Rightarrow$ Spiegelung von $h(t)$.

Schritt 4 des Lösungsverfahrens: Zeitintervalle für Fallunterscheidungen festlegen:

1. Fall: $t - \pi \leq 0 \Leftrightarrow t \leq \pi$
2. Fall: $\pi < t \leq 2\pi$
3. Fall: $t > 2\pi$

1. Fall: $t - \pi \leq 0 \Leftrightarrow t \leq \pi$
Schritt 5 des Lösungsverfahrens: Eigene Skizze für jeden Fall zeichnen:

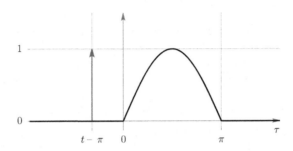

Schritt 6 des Lösungsverfahrens: Jeweilige Integrationsgrenzen festlegen:
Hier gibt es kein Zeitintervall, für das **beide** Funktionen **gleichzeitig** ungleich 0 sind.
Schritt 7 des Lösungsverfahrens: Integration für jeden einzelnen Fall ausführen:

$$\underline{\underline{y_1(t) = 0}}$$

2. Fall: $\pi < t \leq 2\pi$
Schritt 5 des Lösungsverfahrens: Eigene Skizze für jeden Fall zeichnen:

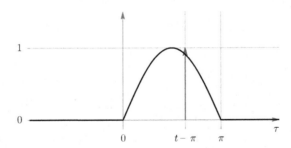

Schritt 6 des Lösungsverfahrens: Jeweilige Integrationsgrenzen festlegen:

Integrationsanfang: $\tau = 0$
Integrationsende: $\tau = t$

Schritt 7 des Lösungsverfahrens: Integration für jeden einzelnen Fall ausführen:

$$y_2(t) = \int\limits_0^t \sin(\tau) \cdot \text{rect}(\frac{\tau}{\pi} - \frac{1}{2}) \cdot \delta(-\tau + t - \pi)\, d\tau$$

$$= \int\limits_0^t \sin(\tau) \cdot \delta(-\tau + t - \pi)\, d\tau$$

$$= \underline{\underline{\sin(t - \pi)}}$$

3. Fall: $t > 2\pi$

Schritt 5 des Lösungsverfahrens: Eigene Skizze für jeden Fall zeichnen:

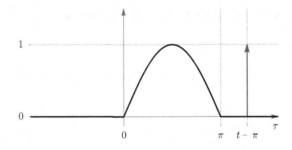

Schritt 6 des Lösungsverfahrens: Jeweilige Integrationsgrenzen festlegen:

Hier gibt es kein Zeitintervall, für das **beide** Funktionen **gleichzeitig** ungleich 0 sind.

Schritt 7 des Lösungsverfahrens: Integration für jeden einzelnen Fall ausführen:

$$\underline{\underline{y_3(t) = 0}}$$

Gesamtergebnis:

$$y(t) = \begin{cases} \sin(t - \pi) & \text{falls } \pi \leq t \leq 2\pi \\ 0 & \text{sonst} \end{cases}$$

$$= \underline{\underline{\sin(t - \pi) \cdot \text{rect}(\frac{t}{\pi} - \frac{3}{2})}}$$

d) Skizze:

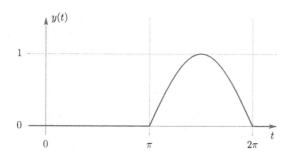

Lösung zur Aufgabe 5

a) Schritt 1 des Lösungsverfahrens: Zeichnen des Graphen von $h(t)$.

$$h(t) = \text{tri}(t - 1)$$

$$= \begin{cases} t & \text{falls } 0 \le t < 1 \\ 2 - t & \text{falls } 1 \le t < 2 \\ 0 & \text{sonst} \end{cases}$$

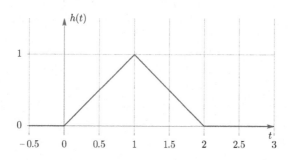

b) Schritt 2 des Lösungsverfahrens: Zeichnen des Graphen von $x(t)$.

$$x(t) = \text{rect}\left(t - \frac{1}{2}\right)$$

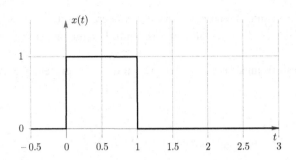

c) Schritt 3 des Lösungsverfahrens: Entscheiden, welche Funktion $x(t)$ oder $h(t)$ leichter gespiegelt und verschoben werden kann:

$$y(t) = x(t) \cdot h(t)$$

$$= \int_0^t h(\tau) \cdot x(-\tau + t) \, d\tau$$

$$= \int_0^t \text{tri}(\tau - 1) \cdot \text{rect}(-\tau + t - \frac{1}{2}) \, d\tau$$

$\Rightarrow$ Spiegelung von $x(t)$.

Schritt 4 des Lösungsverfahrens: Zeitintervalle für Fallunterscheidungen festlegen:

1. Fall: $t \leq 0$
2. Fall: $0 < t \leq 1$
3. Fall: $1 < t \leq 2$
4. Fall: $2 < t \leq 3$
5. Fall: $t > 3$

1. Fall: $t \leq 0$
Schritt 5 des Lösungsverfahrens: Eigene Skizze für jeden Fall zeichnen:

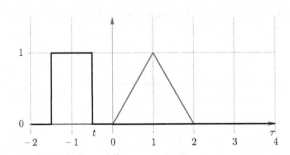

Schritt 6 des Lösungsverfahrens: Jeweilige Integrationsgrenzen festlegen:

Hier gibt es kein Zeitintervall, für das **beide** Funktionen **gleichzeitig** ungleich 0 sind.

Schritt 7 des Lösungsverfahrens: Integration für jeden einzelnen Fall ausführen:

$$\underline{\underline{y_1(t) = 0}}$$

2. Fall: $0 < t \leq 1$

Schritt 5 des Lösungsverfahrens: Eigene Skizze für jeden Fall zeichnen:

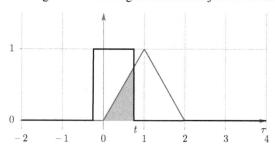

Schritt 6 des Lösungsverfahrens: Jeweilige Integrationsgrenzen festlegen:

Integrationsanfang: $\tau = 0$

Integrationsende: $\tau = t$

Schritt 7 des Lösungsverfahrens: Integration für jeden einzelnen Fall ausführen:

$$y_2(t) = \int\limits_0^t \tau \cdot 1 \, d\tau$$

$$= \frac{1}{2} \left[\tau^2 \right]_0^t$$

$$= \underline{\underline{\frac{1}{2} t^2}}$$

3. Fall: $1 < t \leq 2$

Schritt 5 des Lösungsverfahrens: Eigene Skizze für jeden Fall zeichnen:

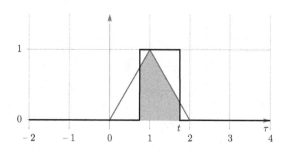

Schritt 6 des Lösungsverfahrens: Jeweilige Integrationsgrenzen festlegen:

Integrationsanfang: $\tau = t - 1$
Integrationsende: $\tau = t$

Schritt 7 des Lösungsverfahrens: Integration für jeden einzelnen Fall ausführen:

$$y_3(t) = \int\limits_{t-1}^{1} \tau \cdot 1 \, d\tau + \int\limits_{1}^{t} (2 - \tau) \cdot 1 \, dt$$

$$= \frac{1}{2} \left[\tau^2 \right]_{t-1}^{1} + \left[2\tau - \frac{1}{2}\tau^2 \right]_{1}^{t}$$

$$= \frac{1}{2} - (t-1)^2 \cdot \frac{1}{2} + 2t - \frac{1}{2}t^2 - 2 + \frac{1}{2}$$

$$= -1 + 2t - \frac{1}{2}t^2 - \frac{1}{2}(t^2 - 2t + 1)$$

$$= -1 + 2t - \frac{1}{2}t^2 - \frac{1}{2}t^2 + t - \frac{1}{2}$$

$$= -\frac{3}{2} + 3t - t^2$$

4. Fall: $2 < t \leq 3$
Schritt 5 des Lösungsverfahrens: Eigene Skizze für jeden Fall zeichnen:

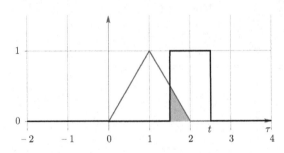

Schritt 6 des Lösungsverfahrens: Jeweilige Integrationsgrenzen festlegen:

Integrationsanfang: $\tau = t - 1$
Integrationsende: $\tau = 2$

Schritt 7 des Lösungsverfahrens: Integration für jeden einzelnen Fall ausführen:

$$y_4(t) = \int\limits_{t-1}^{2} (2 - \tau) \cdot 1 \, d\tau = \left[2\tau - \frac{1}{2}\tau^2 \right]_{t-1}^{2}$$

$$= 4 - \frac{1}{2} \cdot 4 - 2(t-1) + \frac{1}{2}(t-1)^2$$

$$= 2 - 2t + 2 + \frac{1}{2}(t^2 - 2t + 1)$$

$$= 4 - 2t + \frac{1}{2}t^2 - t + \frac{1}{2}$$

$$= \underline{\underline{\frac{9}{2} - 3t + \frac{1}{2}t^2}}$$

<u>5. Fall: $t > 3$</u>

Schritt 5 und 6 des Lösungsverfahrens: Eigene Skizze für jeden Fall zeichnen und Integrationsgrenzen festlegen.

Auch ohne Skizze ist sofort klar:

Hier gibt es kein Zeitintervall, für das **beide** Funktionen **gleichzeitig** ungleich 0 sind.

Schritt 7 des Lösungsverfahrens: Integration für jeden einzelnen Fall ausführen:

$$\underline{\underline{y_5(t) = 0}}$$

Gesamtergebnis:

$$y(t) = \begin{cases} \frac{1}{2}t^2 & \text{falls } 0 < t \leq 1 \\ -\frac{3}{2} + 3t - t^2 & \text{falls } 1 < t \leq 2 \\ \frac{9}{2} - 3t + \frac{1}{2}t^2 & \text{falls } 2 < t \leq 3 \\ 0 & \text{sonst} \end{cases}$$

d) Skizze:

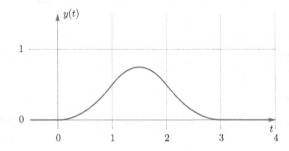

Lösung zur Aufgabe 6

a) Schritt 1 des Lösungsverfahrens: Zeichnen des Graphen von $h(t)$.

$$h(t) = \text{rect}(t - 0{,}5) \cdot t$$

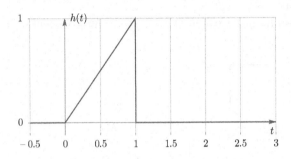

b) Schritt 2 des Lösungsverfahrens: Zeichnen des Graphen von $x(t)$.

$$x(t) = \sigma(t) + \sigma(t - 1)$$

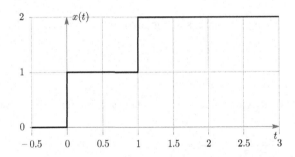

c) Schritt 3 des Lösungsverfahrens: Entscheiden, welche Funktion $x(t)$ oder $h(t)$ leichter gespiegelt und verschoben werden kann:

$$y(t) = x(t) \cdot h(t)$$
$$= \int_{0}^{t} h(\tau) \cdot x(-\tau + 1)\, d\tau$$

$\Rightarrow$ Spiegelung von $x(t)$.

Schritt 4 des Lösungsverfahrens: Zeitintervalle für Fallunterscheidungen festlegen:

1. Fall: $t \leq 0$
2. Fall: $0 < t \leq 1$
3. Fall: $1 < t \leq 2$
4. Fall: $2 < t$

1. Fall: $t \leq 0$
Schritt 5 des Lösungsverfahrens: Eigene Skizze für jeden Fall zeichnen:

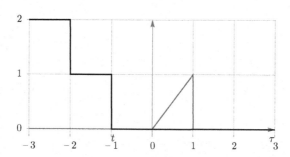

Schritt 6 des Lösungsverfahrens: Jeweilige Integrationsgrenzen festlegen:
Hier gibt es kein Zeitintervall, für das **beide** Funktionen **gleichzeitig** ungleich 0 sind.
Schritt 7 des Lösungsverfahrens: Integration für jeden einzelnen Fall ausführen:

$$\underline{\underline{y_1(t) = 0}}$$

2. Fall: $0 < t \leq 1$
Schritt 5 des Lösungsverfahrens: Eigene Skizze für jeden Fall zeichnen:

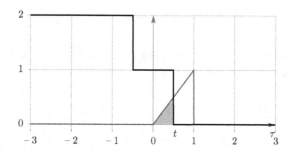

Schritt 6 des Lösungsverfahrens: Jeweilige Integrationsgrenzen festlegen:

Integrationsanfang: $\tau = 0$

Integrationsende: $\tau = t$

Schritt 7 des Lösungsverfahrens: Integration für jeden einzelnen Fall ausführen:

$$y_2(t) = \int_0^t \tau \cdot 1 \, d\tau$$

$$= \frac{1}{2} \left[\tau^2\right]_0^t$$

$$= \underline{\underline{\frac{1}{2}t^2}}$$

3. Fall: $1 < t \leq 2$

Schritt 5 des Lösungsverfahrens: Eigene Skizze für jeden Fall zeichnen:

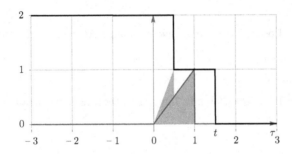

Schritt 6 des Lösungsverfahrens: Jeweilige Integrationsgrenzen festlegen:

Integrationsanfang: $\tau = 0$

Integrationsende: $\tau = 1$

Schritt 7 des Lösungsverfahrens: Integration für jeden einzelnen Fall ausführen:

$$y_3(t) = \int_0^{t-1} 2\tau \, d\tau + \int_{t-1}^1 \tau \, d\tau$$

$$= 2 \cdot \frac{1}{2} \left[\tau^2\right]_0^{t-1} + \frac{1}{2} \left[\tau^2\right]_{t-1}^1$$

$$= (t-1)^2 + \frac{1}{2} - \frac{1}{2}(t-1)^2$$

$$= \frac{1}{2}(t-1)^2 + \frac{1}{2}$$

$$= \frac{1}{2}t^2 - t + \frac{1}{2} + \frac{1}{2}$$

$$= \underline{\underline{1 - t + \frac{1}{2}t^2}}$$

4. Fall: $2 < t$

Schritt 5 des Lösungsverfahrens: Eigene Skizze für jeden Fall zeichnen:

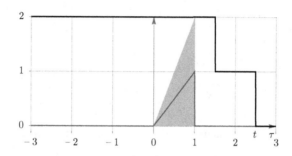

Schritt 6 des Lösungsverfahrens: Jeweilige Integrationsgrenzen festlegen:

Integrationsanfang: $\tau = 0$
Integrationsende: $\tau = 1$

Schritt 7 des Lösungsverfahrens: Integration für jeden einzelnen Fall ausführen:

$$y_4(t) = \int\limits_0^1 2\tau \, d\tau$$

$$= 2 \cdot \frac{1}{2} \left[\tau^2 \right]_0^1$$

$$= \underline{\underline{1}}$$

Gesamtlösung:

$$y(t) = \begin{cases} 0 & \text{falls } t \le 0 \\ \frac{1}{2}t^2 & \text{falls } 0 < t \le 1 \\ 1 - t + \frac{1}{2}t^2 & \text{falls } 1 < t \le 2 \\ 1 & \text{sonst} \end{cases}$$

d) Skizze:

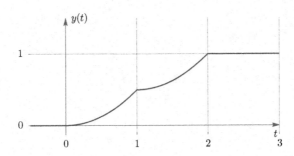

Fourier-Transformation

6

Zusammenfassung

Die Fourier-Transformation ermöglicht die Betrachtung eines Zeitsignals im **Frequenzbereich**. Im Gegensatz zur Fourier-Reihe, die nur für **periodische** Zeitsignale berechnet werden kann, kann die Fourier-Transformierte auch für **nicht-periodische** also **einmalige** Zeitsignale berechnet werden. Außerdem vereinfacht sich im Frequenzbereich die Berechnung des Ausgangssignals eines Systems bei gegebener Erregung am Eingang meist erheblich verglichen mit der Durchführung der Faltung oder gar der Lösung der Differentialgleichung.

Die **Fourier-Transformierte** eines Zeitsignals $s(t)$ bezeichnet man mit $\underline{S}(f)$.

$$\underline{S}(f) = \mathcal{F}\{s(t)\}$$

Die Fourier-Transformierte eines Zeitsignals $s(t)$ existiert immer dann, wenn die folgenden zwei hinreichenden Bedingungen erfüllt sind:

1. $s(t)$ ist stückweise stetig
2. $\int\limits_{-\infty}^{\infty} |s(t)|\, dt < \infty$ ($s(t)$ ist absolut integrierbar)

Die **Fourier-Rücktransformierte** einer Fouriertransformierten ist wiederum das Zeitsignal $s(t)$.

$$s(t) = \mathcal{F}^{-1}\{\underline{S}(f)\}$$

© Springer Fachmedien Wiesbaden GmbH, ein Teil von Springer Nature 2020
Bernhard Rieß und Christoph Wallraff, *Übungsbuch Signale und Systeme*,
https://doi.org/10.1007/978-3-658-30371-6_6

Das Zeitsignal und die zugehörige Fourier-Transformierte **korrespondieren** miteinander was durch eine „Hantel" symbolisiert wird.

$$s(t) \quad \circ\!\!-\!\!\bullet \quad \underline{S}(f)$$

Auf der Seite der Zeitfunktion bleibt das „Gewicht" der „Hantel" leer, auf der Seite der Fourier-Transformierten wird das „Gewicht" der „Hantel" ausgefüllt.

Die Formeln zur Berechnung der Fourier-Transformierten sowie der Fourier-Rücktransformierten lauten:

Fourier-Transformation: $\displaystyle \underline{S}(f) = \int\limits_{-\infty}^{\infty} s(t) \cdot e^{-j\,2\pi ft}\, dt$

Fourier-Rücktransformation: $\displaystyle s(t) = \int\limits_{-\infty}^{\infty} \underline{S}(f) \cdot e^{j\,2\pi ft}\, df$

Die Fourier-Transformierte eines Signals wird oft auch als dessen **Bildfunktion** bezeichnet.

Die Fourier-Transformierte $\underline{S}(f)$ ist im allgemeinen eine komplexe Funktion:

$$\underline{S}(f) = \Re\{\underline{S}(f)\} + j\,\Im\{\underline{S}(f)\}$$

Unter Anwendung der Eulerschen Formel:

$$e^{jx} = \cos(x) + j\sin(x)$$

Können **Real- und Imaginärteil** folgendermaßen berechnet werden:

$$\Re\{\underline{S}(f)\} = \int\limits_{-\infty}^{\infty} s(t) \cdot \cos(2\pi ft)\, dt$$

$$\Im\{\underline{S}(f)\} = -\int\limits_{-\infty}^{\infty} s(t) \cdot \sin(2\pi ft)\, dt$$

Bemerkungen:

- Diese Gleichungen gelten nur für reelle Zeitfunktionen $s(t)$
- $\Re\{\underline{S}(f)\}$ ist eine **gerade Funktion**, da die Abhängigkeit von f alleine durch die (gerade) Kosinusfunktion gegeben ist

- $\Im\{\underline{S}(f)\}$ ist eine **ungerade Funktion**, da die Abhängigkeit von f alleine durch die (ungerade) Sinusfunktion gegeben ist

Die **Gesetze** der Fourier-Transformation für **rein reelle Zeitsignale** $s(t)$ sind:

1. Zuordnungssatz	$s(t) = s_g(t) + s_u(t)$ $\underline{S}(f) = \underline{S}_{Rg}(f) + \mathrm{j}\,\underline{S}_{Iu}(f)$
2. Linearität	$s(t) = \alpha \cdot s_1(t) + \beta \cdot s_2(t)$ $\underline{S}(f) = \alpha \cdot \underline{S}_1(f) + \beta \cdot \underline{S}_2(f)$
3. Anfangswerte	$s(0) = \int\limits_{-\infty}^{\infty} \underline{S}(f) \cdot 1 \, df$ $\underline{S}(0) = \int\limits_{-\infty}^{\infty} s(t) \cdot 1 \, dt$
4. Ähnlichkeitssatz	$s(\alpha \cdot t)\ \circ\!\!-\!\!\bullet\ \frac{1}{|\alpha|}\underline{S}(\frac{f}{\alpha})$
5. Verschiebungssatz	$s(t - t_0)\ \circ\!\!-\!\!\bullet\ \mathrm{e}^{-\mathrm{j}\,2\pi f t_0}\cdot\underline{S}(f)$ $\mathrm{e}^{\mathrm{j}\,2\pi f_0 t}\cdot s(t)\ \circ\!\!-\!\!\bullet\ \underline{S}(f - f_0)$
6. Vertauschungssatz	$\underline{S}(t)\ \circ\!\!-\!\!\bullet\ s(-f)$
7. Faltung	$s_1(t) * s_2(t)\ \circ\!\!-\!\!\bullet\ \underline{S}_1(f) \cdot \underline{S}_2(f)$ $s_1(t) \cdot s_2(t)\ \circ\!\!-\!\!\bullet\ \underline{S}_1(f) * \underline{S}_2(f)$
8. Differentiation Integration	$\frac{d^n}{dt^n}s(t)\ \circ\!\!-\!\!\bullet\ (\mathrm{j}\,2\pi f)^n \cdot \underline{S}(f)$ $\int\limits_{-\infty}^{t} s(\tau)\,d\tau\ \circ\!\!-\!\!\bullet\ \frac{1}{\mathrm{j}2\pi f}\underline{S}(f) + \frac{1}{2}\underline{S}(0) \cdot \delta(f)$
9. Parsevalsche Formel	$\int\limits_{-\infty}^{\infty} |s(t)|^2 \, dt = \int\limits_{-\infty}^{\infty} |\underline{S}(f)|^2 \, df$

Übersicht über die wichtigsten **Fourier-Korrespondenzen**:

Nr.	Zeitfunktion		Fourier-Transformierte
1	Rechteck-Impuls	$s(t) = \begin{cases} 1 & \text{für } |t| < \frac{T_i}{2} \\ 0 & \text{für } |t| \geq \frac{T_i}{2} \end{cases}$	$\underline{S}(f) = T_i \frac{\sin(\pi f T_i)}{\pi f T_i}$
2	Dreieck-Impuls	$s(t) = \begin{cases} 1 - \frac{|t|}{T_i} & \text{für } |t| \leq T_i \\ 0 & \text{für } |t| > T_i \end{cases}$	$\underline{S}(f) = T_i \left(\frac{\sin(\pi f T_i)}{\pi f T_i}\right)^2$
3	$\cos^2$-Impuls	$s(t) = \begin{cases} \cos^2\left(\frac{\pi t}{2T_i}\right) & \text{für } |t| < T_i \\ 0 & \text{für } |t| > T_i \end{cases}$	$\underline{S}(f) = T_i \cdot \frac{\sin(\pi f T_i)}{\pi f T_i} \cdot \frac{1}{1-(2fT_i)^2}$
4	Gauß-Impuls	$s(t) = e^{-\frac{t^2}{2\tau^2}}$	$\underline{S}(f) = \tau \cdot \sqrt{2\pi} \cdot e^{-2(\pi \tau f)^2}$
5	Expotentialfunktion	$s(t) = \begin{cases} e^{-\frac{t}{T}} & \text{für } t \geq 0 \\ 0 & \text{für } t < 0 \end{cases}$	$\underline{S}(f) = \frac{T}{1+\mathrm{j}\,2\pi fT}$
6	Dirac-Impuls	$s(t) = \delta(t)$	$\underline{S}(f) = 1$
7	Gleichspannung	$s(t) = 1$	$\underline{S}(f) = \delta(f)$
8	Sprungfunktion	$s(t) = \sigma(t) = \begin{cases} 1 & \text{für } t \geq 0 \\ 0 & \text{für } t < 0 \end{cases}$	$\underline{S}(f) = \frac{1}{2} \cdot \delta(f) + \frac{1}{\mathrm{j}\,2\pi f}$
9	cos-Schwingung	$s(t) = \cos(2\pi f_0 t)$	$\underline{S}(f) = \frac{1}{2} \cdot [\delta(f - f_0) + \delta(f + f_0)]$
10	cos mit Dauer T_i	$s(t) = \begin{cases} \cos(2\pi f_0 t) & \text{für } |t| < \frac{T_i}{2} \\ 0 & \text{für } |t| > \frac{T_i}{2} \end{cases}$	$\underline{S}(f) = \frac{T_i}{2} \cdot \frac{\sin(\pi(f-f_0)T_i)}{\pi(f-f_0)T_i} + \frac{T_i}{2} \cdot \frac{\sin(\pi(f+f_0)T_i)}{\pi(f+f_0)T_i}$
11	Konstante	$s(t) = K \cdot \delta(t)$	$\underline{S}(f) = K$
12	Vorzeichenfunktion	$s(t) = sgn(t)$	$\underline{S}(f) = \frac{1}{\mathrm{j}\,\pi f}$
13	sin-Schwingung	$s(t) = \sin(2\pi f_0 t)$	$\underline{S}(f) = \frac{1}{2\mathrm{j}} \cdot [\delta(f - f_0) - \delta(f + f_0)]$
14	E-Funktion mit Betr.	$s(t) = e^{-a|t|}$	$\underline{S}(f) = \frac{2a}{4\pi^2 f^2 + a^2}$
15	gedämpfte E-Funkt.	$s(t) = \sigma(t) \cdot e^{-at} \cdot \frac{t^{n-1}}{(n-1)!} \quad n \in \mathbb{N}$	$\underline{S}(f) = \frac{1}{(\mathrm{j}\,2\pi f + a)^n}$
16	Betragsfunktion	$s(t) = |t|$	$\underline{S}(f) = -\frac{1}{\pi^2 f^2}$

Mit Hilfe der Fourier-Transformation kann die Fourier-Transformierte des Ausgangssignals $\underline{Y}(f)$ eines linearen zeitinvarianten Systems nach dem Gesetz der Faltung berechnet werden als **Produkt** der Fourier-Transformierten des Eingangssignals $\underline{X}(f)$ und der Fourier-Transformierten der Impulsantwort $\underline{H}(f)$:

$$\underline{Y}(f) = \underline{H}(f) \cdot \underline{X}(f)$$

Dieser Rechenweg ist in der Regel wesentlich einfacher als die Lösung der Differential-gleichung oder die Durchführung Faltung $y(t) = h(t) * x(t)$. Die Fourier-Transformierte der Impulsantwort bezeichnet man als **Übertragungsfunktion** $\underline{H}(f)$ **des Systems**

$$\underline{H}(f) = \int\limits_{-\infty}^{\infty} h(t)e^{-j2\pi ft}\, dt = \mathcal{F}\{h(t)\}$$

Die **Impulsantwort** ist demnach die Fourier-Rücktransformierte der Übertragungs-funktion:

$$h(t) = \int\limits_{-\infty}^{\infty} \underline{H}(f)e^{j2\pi ft}\, df = \mathcal{F}^{-1}\{\underline{H}(f)\}$$

Zur Lösung von Aufgaben mit der Fourier-Transformation kann folgendes **Standard-Lösungsverfahren** angewendet werden:

1. Schaltung mit Zählpfeilen versehen
2. Elementgleichungen und Maschen- und Knotenpunktgleichungen entsprechend den Kirchhoffschen Regeln aufstellen
3. Gleichungssystem in den Bildbereich transformieren
4. Bildfunktion des Eingangssignals berechnen → Korrespondenztabelle
5. Gleichungssystem auflösen nach der Bildfunktion der gesuchten Größe
6. Zeitfunktion der gesuchten Größe ermitteln → Korrespondenztabelle (falls möglich) oder Rücktransformation über Integral

6.1   Übungsaufgaben zur Fourier-Transformation

Aufgabe 1

Ermitteln Sie durch **Integration** die Fourier-Transformierte $\underline{S}(f)$ für die folgenden Zeit-funktionen $s(t)$.

a) $s(t) = \text{rect}(t)$
b) $s(t) = \text{rect}(t - \frac{1}{2})$
c) $s(t) = \text{rect}(t \cdot \frac{1}{2})$
d) $s(t) = \delta(t)$
e) $s(t) = e^{-|t|}$
f) $s(t) = \delta(t) + \delta(t - 1) - \delta(t - 2)$
g) $s(t) = \sigma(t) \cdot U_0 \cdot e^{-\frac{1}{RC}t}$
h) $s(t) = \text{rect}(t - \frac{1}{2}) - \text{rect}(t + \frac{1}{2})$
i) $s(t) = \sigma(t) \cdot e^{-t} \cdot \cos(t)$

Aufgabe 2

Ermitteln Sie unter Nutzung der **Korrespondenztabelle** die Fourier-Transformierte $\underline{S}(f)$ für die folgenden Zeitfunktionen $s(t)$.

a) $s(t) = \cos(at)$
b) $s(t) = U_0 \cdot \sin(2\pi t)$
c) $s(t) = \hat{U} \cdot \cos(\pi t) \cdot \text{rect}(t - \frac{1}{2})$
d) $s(t) = \sigma(t - 1)$
e) $s(t) = U_0$
f) $s(t) = \text{tri}(\pi \cdot t)$

In den folgenden Aufgaben 3 bis 7 werden die Schritte 1–3 des in Kap. 6 vorgestellen Standard-Lösungsverfahrens geübt:

Aufgabe 3

Gegeben ist die folgende Schaltung mit der Spule L, dem Serienwiderstand der Spule R_S und dem Widerstand R:

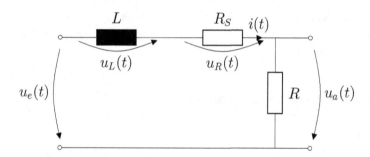

a) Stellen Sie die Elementgleichungen sowie die Maschen- und Knotenpunktgleichungen entsprechend den Kirchhoffschen Regeln für diese Schaltung auf und transformieren Sie diese unmittelbar in den Frequenzbereich.

b) Lösen Sie das Gleichungssystem nach der Übertragungsfunktion $\underline{H}(f) = \dfrac{U_a(f)}{U_e(f)}$ auf.

c) Um den Frequenzgang zu bestimmen, erweitern Sie den für $\underline{H}(f)$ ermittelten Bruch konjugiert komplex, so dass sich Real- und Imaginärteil direkt ablesen lassen.

d) Berechnen Sie den Betragsfrequenzgang für $f > 0$.

e) Berechnen Sie den Phasenfrequenzgang für $f > 0$. Nutzen Sie dabei die Definition der Argumentfunktion:

$$\varphi = \arg(\underline{z}) = \arg(a + jb) = \begin{cases} \arctan(\frac{b}{a}) & \text{für } a > 0, b \text{ beliebig} \\ \arctan(\frac{b}{a}) + \pi & \text{für } a < 0, b \geq 0 \\ \arctan(\frac{b}{a}) - \pi & \text{für } a < 0, b < 0 \\ \frac{\pi}{2} & \text{für } a = 0, b > 0 \\ -\frac{\pi}{2} & \text{für } a = 0, b < 0 \\ \text{unbestimmt} & \text{für } a = 0, b = 0 \end{cases}$$

f) Zeichnen Sie den Betrags- und Phasenfrequenzgang der Übertragungsfunktion für $f > 0$ qualitativ.

Aufgabe 4

Gegeben ist die folgende Schaltung mit dem Kondensator C und dem Widerstand R:

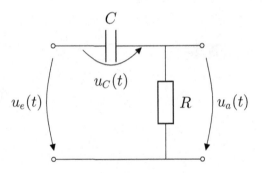

a) Stellen Sie die Elementgleichungen sowie die Maschen- und Knotenpunktgleichungen entsprechend den Kirchhoffschen Regeln für diese Schaltung auf und transformieren Sie diese unmittelbar in den Frequenzbereich.

b) Lösen Sie das Gleichungssystem nach der Übertragungsfunktion $\underline{H}(f) = \dfrac{U_a(f)}{U_e(f)}$ auf.

c) Um den Frequenzgang zu bestimmen, erweitern Sie den für $\underline{H}(f)$ ermittelten Bruch konjugiert komplex, so dass sich Real- und Imaginärteil direkt ablesen lassen.

d) Berechnen Sie den Betragsfrequenzgang für $f > 0$.

e) Berechnen Sie den Phasenfrequenzgang für $f > 0$. Nutzen Sie dabei die Definition der Argumentfunktion:

$$\varphi = \arg(\underline{z}) = \arg(a + jb) = \begin{cases} \arctan(\frac{b}{a}) & \text{für } a > 0, b \text{ beliebig} \\ \arctan(\frac{b}{a}) + \pi & \text{für } a < 0, b \geq 0 \\ \arctan(\frac{b}{a}) - \pi & \text{für } a < 0, b < 0 \\ \frac{\pi}{2} & \text{für } a = 0, b > 0 \\ -\frac{\pi}{2} & \text{für } a = 0, b < 0 \\ \text{unbestimmt} & \text{für } a = 0, b = 0 \end{cases}$$

f) Zeichnen Sie den Betrags- und Phasenfrequenzgang der Übertragungsfunktion für $f > 0$ qualitativ.

Aufgabe 5

Gegeben ist die folgende Schaltung mit der Spule L, dem Widerstand R und dem Kondensator C:

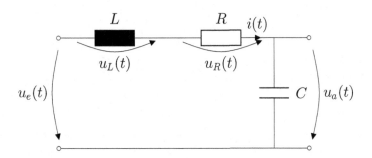

a) Stellen Sie die Elementgleichungen sowie die Maschen- und Knotenpunktgleichungen entsprechend den Kirchhoffschen Regeln für diese Schaltung auf und transformieren Sie diese unmittelbar in den Frequenzbereich.

b) Lösen Sie das Gleichungssystem nach der Übertragungsfunktion $\underline{H}(f) = \dfrac{U_a(f)}{U_e(f)}$ auf.

c) Um den Frequenzgang zu bestimmen, erweitern Sie den für $\underline{H}(f)$ ermittelten Bruch konjugiert komplex, so dass sich Real- und Imaginärteil direkt ablesen lassen.

d) Berechnen Sie den Betragsfrequenzgang für $f > 0$.

e) Berechnen Sie den Phasenfrequenzgang für $f > 0$. Nutzen Sie dabei die Definition der Argumentfunktion:

$$\varphi = \arg(\underline{z}) = \arg(a + jb) = \begin{cases} \arctan(\frac{b}{a}) & \text{für } a > 0, b \text{ beliebig} \\ \arctan(\frac{b}{a}) + \pi & \text{für } a < 0, b \geq 0 \\ \arctan(\frac{b}{a}) - \pi & \text{für } a < 0, b < 0 \\ \frac{\pi}{2} & \text{für } a = 0, b > 0 \\ -\frac{\pi}{2} & \text{für } a = 0, b < 0 \\ \text{unbestimmt} & \text{für } a = 0, b = 0 \end{cases}$$

f) Zeichnen Sie den Betrags- und Phasenfrequenzgang der Übertragungsfunktion für $f > 0$ qualitativ.

Aufgabe 6

Gegeben ist die folgende Schaltung mit dem Widerstand R, dem Serienwiderstand der Spule R_S und der Induktivität L:

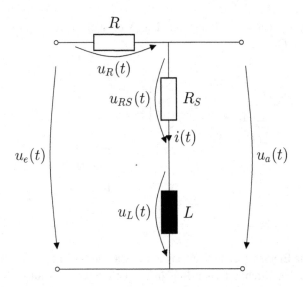

a) Stellen Sie die Elementgleichungen sowie die Maschen- und Knotenpunktgleichungen entsprechend den Kirchhoffschen Regeln für diese Schaltung auf und transformieren Sie diese unmittelbar in den Frequenzbereich.

b) Lösen Sie das Gleichungssystem nach der Übertragungsfunktion $\underline{H}(f) = \dfrac{U_a(f)}{U_e(f)}$ auf.

c) Um den Frequenzgang zu bestimmen, erweitern Sie den für $\underline{H}(f)$ ermittelten Bruch konjugiert komplex, so dass sich Real- und Imaginärteil direkt ablesen lassen.

d) Berechnen Sie den Betragsfrequenzgang für $f > 0$.

e) Berechnen Sie den Phasenfrequenzgang für $f > 0$. Nutzen Sie dabei die Definition der Argumentfunktion:

$$\varphi = \arg(\underline{z}) = \arg(a + jb) = \begin{cases} \arctan(\frac{b}{a}) & \text{für } a > 0, b \text{ beliebig} \\ \arctan(\frac{b}{a}) + \pi & \text{für } a < 0, b \geq 0 \\ \arctan(\frac{b}{a}) - \pi & \text{für } a < 0, b < 0 \\ \frac{\pi}{2} & \text{für } a = 0, b > 0 \\ -\frac{\pi}{2} & \text{für } a = 0, b < 0 \\ \text{unbestimmt} & \text{für } a = 0, b = 0 \end{cases}$$

f) Zeichnen Sie den Betrags- und Phasenfrequenzgang der Übertragungsfunktion für $f > 0$ qualitativ.

Aufgabe 7

Gegeben ist die folgende Schaltung mit den Widerständen $R_1 = R_2 = R$ und den Kapazitäten $C_1 = C_2 = C$:

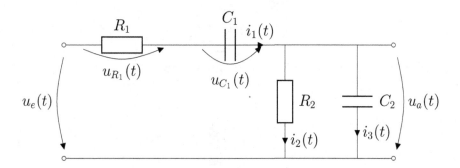

a) Stellen Sie die Elementgleichungen sowie die Maschen- und Knotenpunktgleichungen entsprechend den Kirchhoffschen Regeln für diese Schaltung auf und transformieren Sie diese unmittelbar in den Frequenzbereich.

b) Lösen Sie das Gleichungssystem nach der Übertragungsfunktion $\underline{H}(f) = \dfrac{U_a(f)}{U_e(f)}$ auf.

c) Um den Frequenzgang zu bestimmen, erweitern Sie den für $\underline{H}(f)$ ermittelten Bruch konjugiert komplex, so dass sich Real- und Imaginärteil direkt ablesen lassen.

d) Berechnen Sie den Betragsfrequenzgang für $f > 0$.

e) Berechnen Sie den Phasenfrequenzgang für $f > 0$. Nutzen Sie dabei die Definition der Argumentfunktion:

$$\varphi = \arg(\underline{z}) = \arg(a + jb) = \begin{cases} \arctan(\frac{b}{a}) & \text{für } a > 0, b \text{ beliebig} \\ \arctan(\frac{b}{a}) + \pi & \text{für } a < 0, b \geq 0 \\ \arctan(\frac{b}{a}) - \pi & \text{für } a < 0, b < 0 \\ \frac{\pi}{2} & \text{für } a = 0, b > 0 \\ -\frac{\pi}{2} & \text{für } a = 0, b < 0 \\ \text{unbestimmt} & \text{für } a = 0, b = 0 \end{cases}$$

f) Zeichnen Sie den Betrags- und Phasenfrequenzgang der Übertragungsfunktion für $f > 0$ qualitativ.

6.2 Musterlösungen zur Fourier-Transformation

Lösung zur Aufgabe 1

a)

$$s(t) = \text{rect}(t)$$

$$\underline{S}(f) = \int_{-\infty}^{\infty} \text{rect}(t) \cdot e^{-j\,2\pi ft} \, dt$$

$$= \int_{-\frac{1}{2}}^{\frac{1}{2}} 1 \cdot e^{-j\,2\pi ft} \, dt$$

$$= -\frac{1}{j\,2\pi f} \left[e^{-j\,2\pi ft} \right]_{-\frac{1}{2}}^{\frac{1}{2}}$$

$$= -\frac{1}{j\,2\pi f} \left[e^{-j\,\pi f} - e^{j\,\pi f} \right]$$

$$= -\frac{1}{j\,2\pi f} \cdot (-1) \left[e^{j\,\pi f} - e^{-j\,\pi f} \right]$$

$$= \frac{1}{\pi f} \cdot \sin(\pi f)$$

$$= \underline{\underline{\text{si}(\pi f)}}$$

b)

$$s(t) = \text{rect}(t - \frac{1}{2})$$

$$\underline{S}(f) = \int\limits_{-\infty}^{\infty} \text{rect}\left(t - \frac{1}{2}\right) \cdot e^{-j\,2\pi ft}\ dt$$

$$= \int\limits_{0}^{1} 1 \cdot e^{-j\,2\pi ft}\ dt$$

$$= -\frac{1}{j\,2\pi f}\left[e^{-j\,2\pi ft}\right]_0^1$$

$$= -\frac{1}{j\,2\pi f}\left[e^{-j\,2\pi f} - 1\right]$$

$$= -\frac{1}{j\,2\pi f} \cdot e^{-j\,\pi f}\left[e^{-j\,\pi f} - e^{j\,\pi f}\right]$$

$$= \underline{\underline{\text{si}(\pi f)\,e^{-j\,\pi f}}}$$

Verschiebungssatz: $\mathcal{F}\{\text{rect}\left(t - \frac{1}{2}\right)\} = e^{-j\,2\pi f\frac{1}{2}} \cdot \mathcal{F}\{\text{rect}(t)\}$

c)

$$s(t) = \text{rect}\left(t \cdot \frac{1}{2}\right)$$

$$\underline{S}(f) = \int\limits_{-\infty}^{\infty} \text{rect}\left(t \cdot \frac{1}{2}\right) \cdot e^{-j\,2\pi ft}\ dt$$

$$= \int\limits_{-1}^{1} 1 \cdot e^{-j\,2\pi ft}\ dt$$

$$= -\frac{1}{j\,2\pi f}\left[e^{-j\,2\pi ft}\right]_{-1}^1$$

$$= -\frac{1}{j\,2\pi f}\left[e^{-j\,2\pi f} - e^{j\,2\pi f}\right]$$

$$= \frac{1}{\pi f} \cdot \sin(2\pi f) \cdot \frac{2}{2}$$

$$= \underline{\underline{2 \cdot \text{si}(2\pi f)}}$$

Ähnlichkeitssatz: $\mathcal{F}\{\text{rect}\left(t \cdot \frac{1}{2}\right)\} = \frac{1}{|\frac{1}{2}|} \cdot \text{si}\left(\frac{\pi f}{\frac{1}{2}}\right) = 2 \cdot \text{si}(2\pi f)$

d)

$$s(t) = \delta(t)$$

$$\underline{S}(f) = \int\limits_{-\infty}^{\infty} \delta(t) \cdot e^{-j 2\pi f t} \ dt$$

$$= e^0$$

$$= \underline{\underline{1}}$$

e)

$$s(t) = e^{-|t|}$$

$$\underline{S}(f) = \int\limits_{-\infty}^{\infty} e^{-|t|} \cdot e^{-j 2\pi f t} \ dt$$

$$= \int\limits_{-\infty}^{0} e^t \cdot e^{-j 2\pi f t} \ dt + \int\limits_{0}^{\infty} e^{-t} \cdot e^{-j 2\pi f t} \ dt$$

$$= \int\limits_{-\infty}^{0} e^{t(1-j 2\pi f)} \ dt + \int\limits_{0}^{\infty} e^{-t(1+j 2\pi f)} \ dt$$

$$= \frac{1}{1 - j 2\pi f} \left[e^{t(1-j 2\pi f)}\right]_{-\infty}^{0} - \frac{1}{1 + j 2\pi f} \left[e^{-t(1+j 2\pi f)}\right]_{0}^{\infty}$$

$$= \frac{1}{1 - j 2\pi f} + \frac{1}{1 + j 2\pi f}$$

$$= \frac{1 + \mathrm{j}\,2\pi f + 1 - \mathrm{j}\,2\pi f}{1 + (2\pi f)^2}$$

$$= \frac{2}{1 + (2\pi f)^2}$$

f)

$$s(t) = \delta(t) + \delta(t - 1) - \delta(t - 2)$$

$$\underline{S}(f) = \int\limits_{-\infty}^{\infty} \delta(t) \cdot \mathrm{e}^{-\mathrm{j}\,2\pi ft}\ \mathrm{d}t + \int\limits_{-\infty}^{\infty} \delta(t-1) \cdot \mathrm{e}^{-\mathrm{j}\,2\pi ft}\ \mathrm{d}t - \int\limits_{-\infty}^{\infty} \delta(t-2) \cdot \mathrm{e}^{-\mathrm{j}\,2\pi ft}\ \mathrm{d}t$$

$$= 1 + 1 \cdot \mathrm{e}^{-\mathrm{j}\,2\pi f} - 1 \cdot \mathrm{e}^{-\mathrm{j}\,2\pi f \cdot 2}$$

$$= \underline{1 + \mathrm{e}^{-\mathrm{j}\,2\pi f} - \mathrm{e}^{-\mathrm{j}\,4\pi f}}$$

g)

$$s(t) = \sigma(t) \cdot U_0 \cdot \mathrm{e}^{-\frac{1}{RC}t}$$

$$\underline{S}(f) = \int\limits_{0}^{\infty} U_0 \cdot \mathrm{e}^{-\frac{1}{RC}t} \cdot \mathrm{e}^{-\mathrm{j}\,2\pi ft}\ \mathrm{d}t$$

$$= U_0 \int\limits_{0}^{\infty} \mathrm{e}^{-t(\frac{1}{RC} + \mathrm{j}\,2\pi f)}\ \mathrm{d}t$$

$$= \frac{U_0}{-(\frac{1}{RC} + \mathrm{j}\,2\pi f)} \left[\mathrm{e}^{-t(\frac{1}{RC} + \mathrm{j}\,2\pi f)} \right]_0^{\infty}$$

$$= \underline{\frac{U_0}{\frac{1}{RC} + \mathrm{j}\,2\pi f}}$$

h)

$$s(t) = \text{rect}\left(t - \frac{1}{2}\right) - \text{rect}\left(t + \frac{1}{2}\right)$$

$$\underline{S}(f) = \int_{-1}^{0} (-1) \cdot e^{-j\,2\pi ft}\ dt + \int_{0}^{1} 1 \cdot e^{-j\,2\pi ft}\ dt$$

$$= +\frac{1}{j\,2\pi f}\left[e^{-j\,2\pi ft}\right]_{-1}^{0} - \frac{1}{j\,2\pi f}\left[e^{-j\,2\pi ft}\right]_{0}^{1}$$

$$= \frac{1}{j\,2\pi f}\left[1 - e^{j\,2\pi f}\right] - \frac{1}{j\,2\pi f}\left[e^{-j\,2\pi f} - 1\right]$$

$$= \frac{1}{j\,2\pi f}\left[1 - e^{j\,2\pi f} - e^{-j\,2\pi f} + 1\right]$$

$$= -\frac{1}{j\,2\pi f}\left[e^{j\,2\pi f} + e^{-j\,2\pi f} - 2\right]$$

$$= -\frac{1}{j\,\pi f}\left[\cos(2\pi f) - 1\right]$$

$$= \underline{\underline{\frac{1}{j\,\pi f}\left[1 - \cos(2\pi f)\right]}}$$

i)

$$s(t) = \sigma(t) \cdot e^{-t} \cdot \cos(t)$$

$$\underline{S}(f) = \frac{1}{2}\int_{0}^{\infty} e^{-t}\left(e^{j\,t} + e^{-j\,t}\right) \cdot e^{-j\,2\pi ft}\ dt$$

$$= \frac{1}{2}\int_{0}^{\infty} e^{-t+j\,t-j\,2\pi ft} + e^{-t-j\,t-j\,2\pi ft}\ dt$$

$$= \frac{1}{2}\int_{0}^{\infty} e^{-t(1-j+j\,2\pi f)} + e^{-t(1+j+j\,2\pi f)}\ dt$$

$$= \frac{1}{2} \cdot \frac{-1}{1-j+2j\,\pi f} \left[e^{-t(1-j+j\,2\pi f)} \right]_0^\infty + \frac{1}{2} \cdot \frac{-1}{1+j+j\,2\pi f} \left[e^{-t(1+j+j\,2\pi f)} \right]_0^\infty$$

$$= \frac{1}{2} \cdot \frac{1}{1-j+2j\,\pi f} + \frac{1}{2} \cdot \frac{1}{1+j+2j\,\pi f}$$

$$= \frac{1}{2} \cdot \frac{1+j+2j\,\pi f + 1 - j + 2j\,\pi f}{(1-j+2j\,\pi f)(1+j+2j\,\pi f)}$$

$$= \frac{1}{2} \cdot \frac{2+4j\,\pi f}{(1-j+2j\,\pi f)(1+j+2j\,\pi f)}$$

$$= \frac{1}{2} \cdot \frac{2+4j\,\pi f}{1+j+j\,2\pi f - j + 1 + 2\pi f + j\,2\pi f - 2\pi f - 4\pi^2 f^2}$$

$$= \frac{1+2j\,\pi f}{2+j\,4\pi f - 4\pi^2 f^2}$$

$$= \frac{1+2j\,\pi f}{2+2j\,2\pi f + (j\,2\pi f)^2}$$

$$= \underline{\underline{\frac{1+j\,2\pi f}{1+(1+j\,2\pi f)^2}}}$$

Lösung zur Aufgabe 2

a)

$$s(t) = \cos(at) = \frac{e^{j\,at} + e^{-j\,at}}{2}$$

$\begin{array}{c} \circ \\ | \\ \bullet \end{array}$ Korrespondenztabelle Nr. 9

$$\underline{S(f)} = \underline{\underline{\frac{1}{2}[\delta(f - \frac{a}{2\pi}) + \delta(f + \frac{a}{2\pi})]}}$$

b)

$$s(t) = U_0 \cdot \sin(2\pi t)$$

$\begin{array}{c} \circ \\ | \\ \bullet \end{array}$ Korrespondenztabelle Nr. 13

$$\underline{S(f)} = \underline{\underline{U_0 \cdot \frac{1}{2j}[\delta(f - 1) - \delta(f + 1)]}}$$

c)

$$s(t) = \hat{U} \cdot \cos(\pi t) \cdot \mathrm{rect}\left(t - \frac{1}{2}\right)$$

⚬
⎮ Korrespondenztabelle Nr. 10 mit $T_i = 1$ und $f_0 = \frac{1}{2}$
●

$$\underline{S}(f) = \hat{U}\frac{1}{2} \cdot \frac{\sin(\pi \cdot (f - \frac{1}{2}) \cdot 1)}{\pi(f - \frac{1}{2}) \cdot 1} + \hat{U} \cdot \frac{1}{2} \cdot \frac{\sin(\pi \cdot (f + \frac{1}{2}) \cdot 1)}{\pi \cdot (f + \frac{1}{2}) \cdot 1}$$

$$\underline{\underline{= \frac{\hat{U}}{2}\left(\mathrm{si}(\pi\left(f - \frac{1}{2}\right)) + \mathrm{si}\left(\pi(f + \frac{1}{2})\right)\right)}}$$

d)

$$s(t) = \sigma(t - 1)$$

⚬
⎮ Korrespondenztabelle Nr. 8 + Verschiebungssatz
●

$$\underline{S}(f) = \left(\frac{1}{2}\delta(f) + \frac{1}{\mathrm{j}\,2\pi f}\right) \cdot \mathrm{e}^{-\mathrm{j}\,2\pi f \cdot 1}$$

$$\underline{\underline{= \frac{1}{2} \cdot \delta(f) + \frac{1}{\mathrm{j}\,2\pi f} \cdot \mathrm{e}^{-\mathrm{j}\,2\pi f}}}$$

e)

$$s(t) = U_0$$

⚬
⎮ Korrespondenztabelle Nr. 7
●

$$\underline{\underline{\underline{S}(f) = \delta(f) \cdot U_0}}$$

f)

$$s(t) = \mathrm{tri}(\pi \cdot t)$$

Möglichkeit 1: Ähnlichkeitssatz

$$\mathcal{F}\{\mathrm{tri}(t)\} = \mathrm{si}^2(\pi f)$$

$$\underline{S}(f) = \mathcal{F}\{\mathrm{tri}(t\pi)\})$$

$$= \frac{1}{|\pi|}\,\mathrm{si}^2(\pi\frac{f}{\pi})$$

$$= \underline{\underline{\frac{1}{\pi}\,\mathrm{si}^2(f)}}$$

Möglichkeit 2: Korrespondenztabelle Nr. 2

$$\underline{S}(f) = T_i(\mathrm{si}(\pi f T_i))^2 \quad \text{mit} \qquad T_i = \frac{1}{\pi}$$

$$= \underline{\underline{\frac{1}{\pi}\,\mathrm{si}^2(f)}}$$

Lösung zur Aufgabe 3

Schritt 1 des Lösungsverfahrens „Schaltung mit Zählpfeilen versehen" ist bereits in der Angabe enthalten:

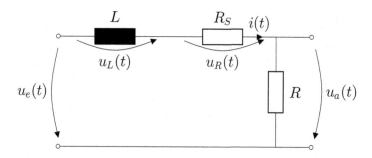

a) In dieser Teilaufgabe werden die Schritte 2 „Elementgleichungen und Maschen- und Knotenpunktgleichungen entsprechend den Kirchhoffschen Regeln aufstellen" und 3 „Gleichungssystem in den Bildbereich transformieren" unmittelbar hintereinander durchgeführt.
   Elementgleichungen:

$$u_a(t) = R \cdot i(t) \qquad\qquad\quad \circ\!\!-\!\!\bullet \quad \underline{U}_a(f) = R \cdot \underline{I}(f)$$

$$u_R(t) = R_S \cdot i(t) \qquad\qquad \circ\!\!-\!\!\bullet \quad \underline{U}_R(f) = R_S \cdot \underline{I}(f)$$

$$u_L(t) = L \cdot \frac{di(t)}{dt} \qquad\qquad \circ\!\!-\!\!\bullet \quad \underline{U}_L(f) = L \cdot j2\pi f \cdot \underline{I}(f)$$

Maschen- und Knotenpunktgleichungen entsprechend den Kirchhoffschen Regeln:

$$u_a(t) = u_e(t) - u_L(t) - u_R(t) \qquad \circ\!\!-\!\!\bullet \qquad \underline{U}_a(f) = \underline{U}_e(f) - \underline{U}_L(f) - \underline{U}_R(f)$$

b)

$$\underline{U}_a(f) = \underline{U}_e(f) - \underline{U}_L(f) - \underline{U}_R(f)$$

$$= \underline{U}_e(f) - L \cdot j2\pi f \cdot \underline{I}(f) - R_S \cdot \underline{I}(f)$$

$$= \underline{U}_e(f) - \underline{I}(f) \cdot (L \cdot j2\pi f + R_S)$$

$$= \underline{U}_e(f) - \underline{U}_a(f) \cdot \frac{1}{R} \cdot (j2\pi f \cdot L + R_S)$$

$$\underline{U}_a(f) \cdot \left(1 + j2\pi f \frac{L}{R} + \frac{R_S}{R} \right) = \underline{U}_e(f)$$

$$\frac{\underline{U}_a(f)}{\underline{U}_e(f)} = \frac{1}{j2\pi f \dfrac{L}{R} + \dfrac{R_S}{R} + 1}$$

$$\underline{H}(f) = \frac{R}{L} \cdot \frac{1}{j2\pi f + \dfrac{R_S + R}{L}}$$

c)

$$\underline{H}(f) = \frac{R}{L} \cdot \frac{1}{j2\pi f + \dfrac{R_S + R}{L}} \cdot \frac{\dfrac{R_S + R}{L} - j2\pi f}{\dfrac{R_S + R}{L} - j2\pi f}$$

$$= \frac{R}{L} \cdot \frac{\dfrac{R_S + R}{L} - j2\pi f}{\left(\dfrac{R_S + R}{L} \right)^2 + (2\pi f)^2}$$

d)

$$|\underline{H}(f)| = \frac{R}{L} \cdot \left| \frac{\dfrac{R_S + R}{L} - j2\pi f}{\left(\dfrac{R_S + R}{L}\right)^2 + (2\pi f)^2} \right|$$

$$= \frac{R}{L} \cdot \sqrt{\left(\frac{\dfrac{R_S + R}{L}}{\left(\dfrac{R_S + R}{L}\right)^2 + (2\pi f)^2} \right)^2 + \left(\frac{2\pi f}{\left(\dfrac{R_S + R}{L}\right)^2 + (2\pi f)^2} \right)^2}$$

$$= \frac{R}{L} \cdot \frac{\sqrt{\left(\dfrac{R_S + R}{L}\right)^2 + (2\pi f)^2}}{\left(\dfrac{R_S + R}{L}\right)^2 + (2\pi f)^2}$$

$$= \frac{R}{L} \cdot \frac{1}{\sqrt{\left(\dfrac{R_S + R}{L}\right)^2 + (2\pi f)^2}}$$

e)

$$\arg\left(\underline{H}(f)\right) = \arg\left(\frac{R}{L} \cdot \frac{\dfrac{R_S + R}{L} - j2\pi f}{\left(\dfrac{R_S + R}{L}\right)^2 + (j2\pi f)^2} \right)$$

$$= arctan\left(\frac{Im\left(\underline{H}(f)\right)}{Re\left(\underline{H}(f)\right)} \right)$$

$$= arctan\left(\frac{-2\pi f}{\dfrac{R_S + R}{L}} \right)$$

$$= -arctan\left(\frac{2\pi f L}{R_S + R} \right)$$

f) Frequenzgang:

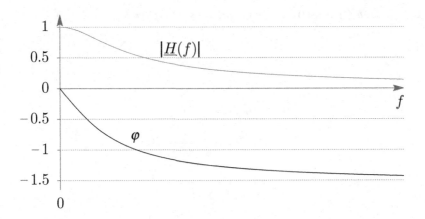

Lösung zur Aufgabe 4

Schritt 1 des Lösungsverfahrens „Schaltung mit Zählpfeilen versehen" ist bereits in der Angabe enthalten:

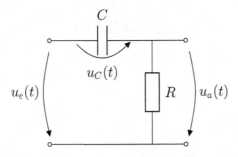

a) In dieser Teilaufgabe werden die Schritte 2 „Elementgleichungen und Maschen- und Knotenpunktgleichungen entsprechend den Kirchhoffschen Regeln aufstellen" und 3 „Gleichungssystem in den Bildbereich transformieren" unmittelbar hintereinander durchgeführt.

Elementgleichungen:

$$u_a(t) = R \cdot i(t) \qquad\qquad \circ\!\!-\!\!\bullet \quad \underline{U}_a(f) = R \cdot \underline{I}(f)$$

$$i(t) = C \cdot \frac{du_C(t)}{dt} \qquad\qquad \circ\!\!-\!\!\bullet \quad \underline{I}(f) = C \cdot j2\pi f \cdot \underline{U}_C(f)$$

Maschen- und Knotenpunktgleichungen entsprechend den Kirchhoffschen Regeln:

$$u_a(t) = u_e(t) - u_C(t) \qquad\qquad \circ\!\!-\!\!\bullet \qquad \underline{U}_a(f) = \underline{U}_e(f) - \underline{U}_C(f)$$

b)

$$\underline{U}_a(f) = \underline{U}_e(f) - \underline{U}_C(f)$$

$$= \underline{U}_e(f) - \frac{1}{C \cdot j2\pi f} \cdot \underline{I}(f)$$

$$= \underline{U}_e(f) - \frac{1}{C \cdot j2\pi f} \cdot \frac{1}{R} \cdot \underline{U}_a(f)$$

$$= \underline{U}_e(f) - \underline{U}_a(f) \cdot \frac{1}{j2\pi f \cdot RC}$$

$$\underline{U}_a(f) \cdot \left(1 + \frac{1}{j2\pi f \cdot RC}\right) = \underline{U}_e(f)$$

$$\frac{\underline{U}_a(f)}{\underline{U}_e(f)} = \frac{1}{1 + \dfrac{1}{j2\pi f \cdot RC}}$$

$$\underline{H}(f) = \underline{\underline{\frac{j2\pi f}{j2\pi f + \dfrac{1}{RC}}}}$$

c)

$$\underline{H}(f) = \frac{j2\pi f}{j2\pi f + \dfrac{1}{RC}}$$

$$= \frac{j2\pi f}{j2\pi f + \dfrac{1}{RC}} \cdot \frac{\dfrac{1}{RC} - j2\pi f}{\dfrac{1}{RC} - j2\pi f}$$

$$= \frac{j2\pi f \cdot \dfrac{1}{RC} + (2\pi f)^2}{\left(\dfrac{1}{RC}\right)^2 + (2\pi f)^2}$$

$$= \underline{\underline{\frac{j2\pi fRC + (2\pi fRC)^2}{1 + (2\pi fRC)^2}}}$$

d)

$$|\underline{H}(f)| = \left| \frac{j2\pi fRC + (2\pi fRC)^2}{1 + (2\pi fRC)^2} \right|$$

$$= \frac{\sqrt{(2\pi fRC)^2 + (2\pi fRC)^4}}{1 + (2\pi fRC)^2}$$

$$= 2\pi fRC \cdot \frac{\sqrt{1 + (2\pi fRC)^2}}{1 + (2\pi fRC)^2}$$

$$= \underline{\underline{\frac{2\pi fRC}{\sqrt{1 + (2\pi fRC)^2}}}}$$

e)

$$\arg\left(\underline{H}(f)\right) = \arg\left(\frac{j2\pi fRC + (2\pi fRC)^2}{1 + (2\pi fRC)^2} \right)$$

$$= arctan\left(\frac{\text{Im}\left(\underline{H}(f)\right)}{\text{Re}\left(\underline{H}(f)\right)} \right)$$

$$= arctan\left(\frac{2\pi fRC}{(2\pi fRC)^2} \right)$$

$$= \underline{\underline{arctan\left(\frac{1}{2\pi fRC} \right)}}$$

f) Fequenzgang

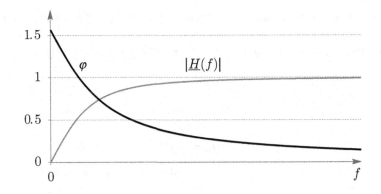

Lösung zur Aufgabe 5

Schritt 1 des Lösungsverfahrens „Schaltung mit Zählpfeilen versehen" ist bereits in der Angabe enthalten:

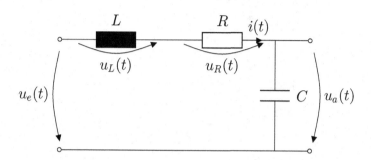

a) In dieser Teilaufgabe werden die Schritte 2 „Elementgleichungen und Maschen- und Knotenpunktgleichungen entsprechend den Kirchhoffschen Regeln aufstellen" und 3 „Gleichungssystem in den Bildbereich transformieren" unmittelbar hintereinander durchgeführt.
Elementgleichungen:

$$i(t) = C \cdot \frac{du_a(t)}{dt} \qquad\qquad \circ\!\!-\!\!\bullet \quad \underline{I}(f) = C \cdot j2\pi f \cdot \underline{U}_a(f)$$

$$u_R(t) = R \cdot u_a(t) \qquad\qquad \circ\!\!-\!\!\bullet \quad \underline{U}_R(f) = R \cdot \underline{I}(f)$$

$$u_L(t) = L \cdot \frac{du_a(t)}{dt} \qquad\qquad \circ\!\!-\!\!\bullet \quad \underline{U}_L(f) = L \cdot j2\pi f \cdot \underline{I}(f)$$

Maschen- und Knotenpunktgleichungen entsprechend den Kirchhoffschen Regeln:

$$u_a(t) = u_e(t) - u_L(t) - u_R(t) \qquad \circ\!\!-\!\!\bullet \quad \underline{U}_a(f) = \underline{U}_e(f) - \underline{U}_L(f) - \underline{U}_R(f)$$

b)

$$\underline{U}_a(f) = \underline{U}_e(f) - \underline{U}_L(f) - \underline{U}_R(f)$$
$$= \underline{U}_e(f) - L \cdot j2\pi f \cdot \underline{I}(f) - R \cdot \underline{I}(f)$$
$$= \underline{U}_e(f) - \underline{I}(f) \cdot (L \cdot j2\pi f + R)$$
$$= \underline{U}_e(f) - C \cdot j2\pi f \cdot \underline{U}_a(f) \cdot (L \cdot j2\pi f + R)$$
$$= \underline{U}_e(f) - \underline{U}_a(f) \cdot ((j2\pi f)^2 LC + j2\pi f RC)$$

$$\underline{U_a}(f) \cdot \left(1 + (j2\pi f)^2 LC + j2\pi f RC\right) = \underline{U_e}(f)$$

$$\frac{\underline{U_a}(f)}{\underline{U_e}(f)} = \frac{1}{1 + (j2\pi f)^2 LC + j2\pi f RC}$$

$$\underline{H}(f) = \frac{1}{LC} \cdot \frac{1}{\dfrac{1}{LC} + j2\pi f \dfrac{R}{L} + (j2\pi f)^2}$$

c)

$$\underline{H}(f) = \frac{1}{LC} \cdot \frac{1}{\dfrac{1}{LC} + 2\pi f \dfrac{R}{L} + (2\pi f)^2}$$

$$= \frac{1}{1 - LC(2\pi f)^2 + j2\pi f RC} \cdot \frac{1 - LC(2\pi f)^2 - j2\pi f RC}{1 - LC(2\pi f)^2 - j2\pi f RC}$$

$$= \frac{1 - LC(2\pi f)^2 - j2\pi f RC}{(1 - LC(2\pi f)^2)^2 + (2\pi f RC)^2}$$

d)

$$|\underline{H}(f)| = \left| \frac{1 - LC(j2\pi f)^2 - j2\pi f RC}{(1 - LC(2\pi f)^2)^2 + (2\pi f RC)^2} \right|$$

$$= \frac{\sqrt{(1 - LC(2\pi f)^2)^2 + (2\pi f RC)^2}}{(1 - LC(2\pi f)^2)^2 + (2\pi f RC)^2}$$

$$= \frac{1}{\sqrt{(1 - LC(2\pi f)^2)^2 + (2\pi f RC)^2}}$$

e)

$$\arg\left(\underline{H}(f)\right) = \arg\left(\frac{1 - LC(2\pi f)^2 - j2\pi f RC}{(1 - LC(2\pi f)^2)^2 + (2\pi f RC)^2} \right)$$

1. Fall: $a > 0, b$ beliebig

$$\Re\left(\underline{H}(f)\right) > 0$$

$$1 - LC(2\pi f)^2 > 0$$

für $\quad |f| < \dfrac{1}{2\pi \sqrt{LC}} \quad$ gilt:

$$\arg\left(\underline{H}(f)\right) = -\arctan\left(\frac{2\pi f RC}{1 - LC(2\pi f)^2} \right)$$

2. Fall: $a < 0, b < 0$

$$\Re\big(\underline{H}(f)\big) < 0$$

$$1 - LC(2\pi f)^2 < 0$$

für $|f| > \dfrac{1}{2\pi\sqrt{LC}}$ gilt:

$$\arg\big(\underline{H}(f)\big) = -\arctan\left(\frac{2\pi f RC}{1 - LC(2\pi f)^2}\right) - \pi$$

3. Fall: $a = 0, b < 0$

$$\Re\big(\underline{H}(f)\big) = 0$$

$$1 - LC(2\pi f)^2 = 0$$

für $|f| = \dfrac{1}{2\pi\sqrt{LC}}$ gilt:

$$\arg\big(\underline{H}(f)\big) = -\frac{\pi}{2}$$

Für $f > 0$ folgt

$$\arg\big(\underline{H}(f)\big) = \begin{cases} -\arctan\left(\dfrac{2\pi f RC}{1 - LC(2\pi f)^2}\right) & \text{falls } f < \dfrac{1}{2\pi\sqrt{LC}} \\[2ex] -\dfrac{\pi}{2} & \text{falls } f = \dfrac{1}{2\pi\sqrt{LC}} \\[2ex] -\arctan\left(\dfrac{2\pi f RC}{1 - LC(2\pi f)^2}\right) - \pi & \text{falls } f > \dfrac{1}{2\pi\sqrt{LC}} \end{cases}$$

f) Frequenzgang:

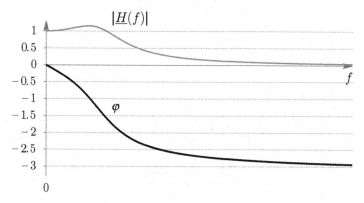

Lösung zur Aufgabe 6

Schritt 1 des Lösungsverfahrens „Schaltung mit Zählpfeilen versehen" ist bereits in der Angabe enthalten:

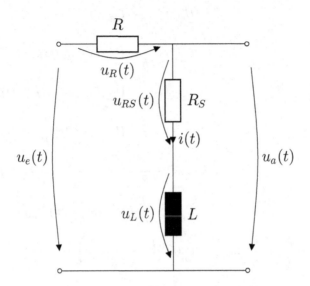

a) In dieser Teilaufgabe werden die Schritte 2 „Elementgleichungen und Maschen- und Knotenpunktgleichungen entsprechend den Kirchhoffschen Regeln aufstellen" und 3 „Gleichungssystem in den Bildbereich transformieren" unmittelbar hintereinander durchgeführt.

Elementgleichungen:

$$u_{R_S}(t) = R_S \cdot i(t) \qquad\qquad \circ\!\!-\!\!\bullet \quad \underline{U}_{R_S}(f) = R_S \cdot \underline{I}(f)$$

$$u_L(t) = L \cdot \frac{di(t)}{dt} \qquad\qquad \circ\!\!-\!\!\bullet \quad \underline{U}_L(f) = L \cdot j2\pi f \cdot \underline{I}(f)$$

$$u_R(t) = R \cdot i(t) \qquad\qquad \circ\!\!-\!\!\bullet \quad \underline{U}_R(f) = R \cdot \underline{I}(f)$$

Maschen- und Knotenpunktgleichungen entsprechend den Kirchhoffschen Regeln:

$$u_a(t) = u_e(t) - u_R(t) \qquad\qquad \circ\!\!-\!\!\bullet \quad \underline{U}_a(f) = \underline{U}_e(f) - \underline{U}_R(f)$$

$$u_a(t) = u_{R_S}(t) + u_L(t) \qquad\qquad \circ\!\!-\!\!\bullet \quad \underline{U}_a(f) = \underline{U}_{R_S}(f) + \underline{U}_L(f)$$

b)

$$\underline{U}_a(f) = \underline{U}_e(f) - \underline{U}_R(f)$$

$$= \underline{U}_e(f) - R \cdot \underline{I}(f)$$

$$= \underline{U}_e(f) - \frac{R}{R_S} \cdot \underline{U}_{R_S}(f)$$

$$= \underline{U}_e(f) - \frac{R}{R_S} \cdot \left(\underline{U}_a(f) - \underline{U}_L(f)\right)$$

$$= \underline{U}_e(f) - \frac{R}{R_S} \cdot \left(\underline{U}_a(f) - L \cdot j2\pi f \cdot \underline{I}(f)\right)$$

$$= \underline{U}_e(f) - \frac{R}{R_S} \cdot \left(\underline{U}_a(f) - j2\pi f \frac{L}{R} \cdot \underline{U}_R(f)\right)$$

$$= \underline{U}_e(f) - \frac{R}{R_S} \cdot \left(\underline{U}_a(f) - j2\pi f \frac{L}{R} \cdot \left(\underline{U}_e(f) - \underline{U}_a(f)\right)\right)$$

$$= \underline{U}_e(f) - \frac{R}{R_S}\underline{U}_a(f) + \frac{L}{R_S}j2\pi f\underline{U}_e(f) - \frac{L}{R_S}j2\pi f\underline{U}_a(f)$$

$$\underline{U}_a(f) \cdot \left(1 + \frac{R}{R_S} + \frac{L}{R_S}j2\pi f\right) = \underline{U}_e(f) \cdot \left(1 + \frac{L}{R_S}j2\pi f\right)$$

$$\frac{\underline{U}_a(f)}{\underline{U}_e(f)} = \frac{1 + \frac{L}{R_S}j2\pi f}{1 + \frac{R}{R_S} + \frac{L}{R_S}j2\pi f}$$

$$\underline{H}(f) = \frac{\frac{R_S}{L} + j2\pi f}{\frac{R + R_S}{L} + j2\pi f}$$

c)

$$\underline{H}(f) = \frac{\frac{R_S}{L} + j2\pi f}{\frac{R + R_S}{L} + j2\pi f}$$

$$= \frac{R_S + 2j\pi fL}{R + R_S + 2j\pi fL} \cdot \frac{R + R_S - 2j\pi fL}{R + R_S - 2j\pi fL}$$

$$= \frac{R_S R + (R_S)^2 - j2\pi fLR_S + j2\pi fL(R + R_S) + (2\pi fL)^2}{(R + R_S)^2 + (2\pi fL)^2}$$

$$= \frac{R_S R + (R_S)^2 + (2\pi fL)^2 + j2\pi fLR}{(R + R_S)^2 + (2\pi fL)^2}$$

d)

$$|\underline{H}(f)| = \left| \frac{R_S R + (R_S)^2 + (2\pi f L)^2 + j2\pi f L R}{(R + R_S)^2 + (2\pi f L)^2} \right|$$

$$= \frac{\sqrt{\left(R_S R + (R_S)^2 + (2\pi f L)^2\right)^2 + (2\pi f L R)^2}}{(R + R_S)^2 + (2\pi f L)^2}$$

Oder alternativ

$$|\underline{H}(f)| = \left| \frac{\dfrac{R_S}{L} + j2\pi f}{\dfrac{R + R_S}{L} + j2\pi f} \right|$$

$$= \frac{|R_S + j2\pi f L|}{|R + R_S + j2\pi f L|}$$

$$= \sqrt{\frac{(R_S)^2 + (2\pi f L)^2}{(R + R_S)^2 + (2\pi f L)^2}}$$

e)

$$\arg\left(\underline{H}(f)\right) = \arg\left(\frac{R_S R + (R_S)^2 + (2\pi f L)^2 + j2\pi f L R}{(R + R_S)^2 + (2\pi f L)^2} \right)$$

$$= \arctan\left(\frac{2\pi f L R}{R_S R + (R_S)^2 + (2\pi f L)^2} \right)$$

f) Frequenzgang:

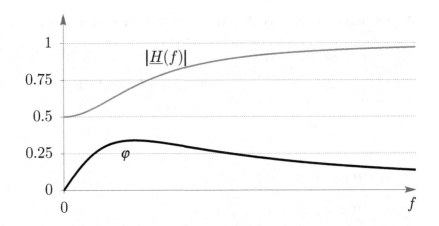

Lösung zur Aufgabe 7

Schritt 1 des Lösungsverfahrens „Schaltung mit Zählpfeilen versehen" ist bereits in der Angabe enthalten:

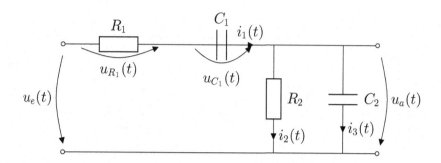

a) In dieser Teilaufgabe werden die Schritte 2 „Elementgleichungen und Maschen- und Knotenpunktgleichungen entsprechend den Kirchhoffschen Regeln aufstellen" und 3 „Gleichungssystem in den Bildbereich transformieren" unmittelbar hintereinander durchgeführt.

Elementgleichungen:

$$i_1(t) = C \cdot \frac{du_{C_1}(t)}{dt} \qquad\qquad \underline{I}_1(f) = C \cdot j2\pi f \cdot \underline{U}_{C_1}(f)$$

$$i_3(t) = C \cdot \frac{du_a(t)}{dt} \qquad\qquad \underline{I}_3(f) = C \cdot j2\pi f \cdot \underline{U}_a(f)$$

$$u_{R_1}(t) = R_1 \cdot i_1(t) \qquad\qquad \underline{U}_{R_1}(f) = R \cdot \underline{I}_1(f)$$

$$u_a(t) = R_2 \cdot i_2(t) \qquad\qquad \underline{U}_a(f) = R \cdot \underline{I}_2(f)$$

Maschen- und Knotenpunktgleichungen entsprechend den Kirchhoffschen Regeln:

$$u_a(t) = u_e(t) - u_{R_1}(t) - u_{C_1}(t) \qquad \underline{U}_a(f) = \underline{U}_e(f) - \underline{U}_{R_1}(f) - \underline{U}_{C_1}(f)$$

$$i_1(t) = i_2(t) + i_3(t) \qquad\qquad \underline{I}_1(f) = \underline{I}_2(f) + \underline{I}_3(f)$$

b)

$$\underline{U}_a(f) = \underline{U}_e(f) - \underline{U}_{R_1}(f) - \underline{U}_{C_1}(f)$$

$$= \underline{U}_e(f) - R \cdot \underline{I}_1(f) - \frac{1}{j2\pi fC} \cdot \underline{I}_1(f)$$

$$= \underline{U}_e(f) - \left(R + \frac{1}{j2\pi f C} \right) \cdot \left(\underline{I}_2(f) + \underline{I}_3(f) \right)$$

$$= \underline{U}_e(f) - \left(R + \frac{1}{j2\pi f C} \right) \cdot \left(\frac{1}{R}\underline{U}_a(f) + C j2\pi f \cdot \underline{U}_a(f) \right)$$

$$= \underline{U}_e(f) - \frac{R}{R}\underline{U}_a(f) - j2\pi f RC \cdot \underline{U}_a(f) - \frac{1}{j2\pi f RC}\underline{U}_a(f) - \frac{j2\pi f C}{j2\pi f C} \cdot \underline{U}_a(f)$$

$$= \underline{U}_e(f) - 2\underline{U}_a(f) - j2\pi f RC \cdot \underline{U}_a(f) - \frac{1}{j2\pi f RC}\underline{U}_a(f)$$

$$\underline{U}_a(f) \cdot \left(3 + j2\pi f RC + \frac{1}{j2\pi f RC} \right) = \underline{U}_e(f)$$

$$\frac{\underline{U}_a(f)}{\underline{U}_e(f)} = \frac{1}{3 + j2\pi f RC + \dfrac{1}{j2\pi f RC}}$$

$$\underline{H}(f) = \frac{1}{RC} \cdot \frac{j2\pi f}{\dfrac{1}{(RC)^2} + \dfrac{3}{RC}j2\pi f + (j2\pi f)^2}$$

c)

$$\underline{H}(f) = \frac{1}{RC} \cdot \frac{j2\pi f}{\dfrac{1}{(RC)^2} + \dfrac{3}{RC}j2\pi f + (j2\pi f)^2}$$

$$= \frac{j2\pi f}{\dfrac{1}{RC} - RC(2\pi f)^2 + j6\pi f} \cdot \frac{\dfrac{1}{RC} - RC(2\pi f)^2 - j6\pi f}{\dfrac{1}{RC} - RC(2\pi f)^2 - j6\pi f}$$

$$= \frac{3(2\pi f)^2 + j2\pi f \left(\dfrac{1}{RC} - RC(2\pi f)^2 \right)}{\left(\dfrac{1}{RC} - RC(2\pi f)^2 \right)^2 + (6\pi f)^2}$$

d)

$$|\underline{H}(f)| = \left| \frac{3(2\pi f)^2 + j2\pi f \left(\dfrac{1}{RC} - RC(2\pi f)^2 \right)}{\left(\dfrac{1}{RC} - RC(2\pi f)^2 \right)^2 + (6\pi f)^2} \right|$$

$$= \frac{\sqrt{\left(3(2\pi f)^2\right)^2 + \left(2\pi f\left(\frac{1}{RC} - RC(2\pi f)^2\right)\right)^2}}{\left(\frac{1}{RC} - RC(2\pi f)^2\right)^2 + (6\pi f)^2}$$

$$= \frac{\sqrt{9(2\pi f)^4 + \left(\frac{2\pi f}{RC} - RC(2\pi f)^3\right)^2}}{\left(\frac{1}{RC} - RC(2\pi f)^2\right)^2 + (6\pi f)^2}$$

Oder alternativ

$$|\underline{H}(f)| = \left| \frac{1}{RC} \cdot \frac{j2\pi f}{\frac{1}{(RC)^2} + \frac{3}{RC}j2\pi f + (j2\pi f)^2} \right|$$

$$= \frac{1}{RC} \cdot \frac{|j2\pi f|}{\left| \frac{1}{(RC)^2} - (2\pi f)^2 + \frac{3}{RC}j2\pi f \right|}$$

$$= \frac{1}{RC} \cdot \frac{2\pi |f|}{\sqrt{\left(\frac{1}{(RC)^2} - (2\pi f)^2\right)^2 + \left(\frac{6\pi f}{RC}\right)^2}}$$

e)

$$\arg\left(\underline{H}(f)\right) = \arg\left(\frac{3(2\pi f)^2 + j2\pi f\left(\frac{1}{RC} - RC(2\pi f)^2\right)}{\left(\frac{1}{RC} - RC(2\pi f)^2\right)^2 + (6\pi f)^2} \right)$$

$$= \arctan\left(\frac{2\pi f \cdot \left(\frac{1}{RC} - RC(2\pi f)^2\right)}{3(2\pi f)^2} \right)$$

f) Frequenzgang:

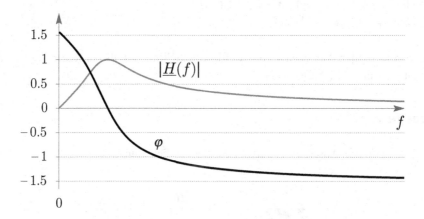

6.3 Übungsaufgaben zur Fourier-Rücktransformation

Aufgabe 1

Berechnen Sie die zugehörigen Zeitfunktionen $s(t)$ durch Lösen des Integrals der Fourier-Rücktransformation.

a) $\underline{S}(f) = \text{rect}(f)$
b) $\underline{S}(f) = \text{rect}(f - \frac{1}{2}) \cdot \sin(f \cdot \pi)$
c) $\underline{S}(f) = \sigma(f) \cdot e^{-2f}$

Aufgabe 2

Berechnen Sie zunächst $\underline{S}(f)$ durch Transformation der Signale in den Frequenzbereich. Ermitteln Sie anschließend $s(t)$ durch Rücktransformation in den Zeitbereich. Nutzen Sie dabei die Korrespondenztabelle.

a) $s(t) = \text{rect}(t) * \text{rect}(t)$
b) $s(t) = \sin(\pi t) * \delta(t - \frac{1}{2})$
c) $s(t) = \sigma(t) \cdot e^{-\frac{t}{RC}} * \sigma(t) \cdot e^{-\frac{t}{RC}}$

Aufgabe 3

Beweisen Sie die Korrespondenzen a) und b) durch Lösen des Integrals der Fourier-Rücktransformation und bei c) zusätzlich durch den Einsatz von Korrespondenzen anderer Funktionen.

a) $\frac{1}{2j} \cdot [\delta(f - f_0) - \delta(f + f_0)]$ •———o $\sin(2\pi f_0 t)$

b) $\frac{1}{2} \cdot [\delta(f - f_0) + \delta(f + f_0)]$ •———o $\cos(2\pi f_0 t)$

c) $\frac{1}{2} \cdot \delta(f) + \frac{1}{j 2\pi f}$ •———o $\sigma(t)$

In den folgenden Aufgaben 4 bis 8 werden die Schritte 4–6 des in Kap. 6 vorgestellen Standard-Lösungsverfahrens geübt:

Aufgabe 4

Gegeben ist die aus Abschn. 6.1 Aufgabe 3 bekannte Schaltung:

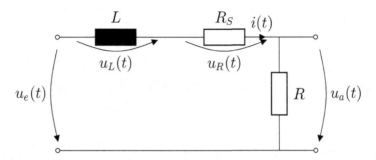

Sie haben die komplexe Übertragungsfunktion dieser Schaltung bereits in Abschn. 6.1 Aufgabe 3 berechnet als:

$$\underline{H}(f) = \frac{R}{L} \cdot \frac{1}{j2\pi f + \dfrac{R_S + R}{L}}$$

Berechnen Sie nun die Antwort $u_a(t)$ dieser Schaltung auf eine Anregung $u_e(t)$ mit dem Rechteckimpuls:

$$u_e(t) = U_0 \cdot rect\left(\frac{t - \dfrac{T}{2}}{T}\right)$$

a) Skizzieren Sie das Eingangssignal $u_e(t)$.

b) Transformieren Sie $u_e(t)$ durch Integration in den Frequenzbereich.

c) Berechnen Sie $\underline{U}_a(f)$ durch Multiplikation von $\underline{H}(f)$ und $\underline{U}_e(f)$.

d) Transformieren Sie $\underline{U}_a(f)$ zurück in den Zeitbereich. Nutzen Sie ggf. eine Partialbruchzerlegung und die Korrespondenzentabellen.

e) Zeichnen Sie das Ausgangssignal $u_a(t)$ qualitativ.

Aufgabe 5

Gegeben ist die aus Abschn. 6.1 Aufgabe 4 bekannte Schaltung:

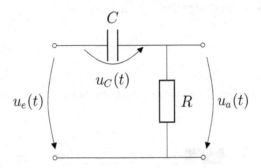

Sie haben die komplexe Übertragungsfunktion dieser Schaltung bereits in Abschn. 6.1 Aufgabe 4 berechnet als:

$$\underline{H}(f) = \frac{j2\pi f}{j2\pi f + \dfrac{1}{RC}}$$

Berechnen Sie nun die Antwort $u_a(t)$ der gegebenen Schaltung auf eine Anregung mit einem podestförmigen Eingangssignal $u_e(t)$:

$$u_e(t) = \begin{cases} \dfrac{U_0}{2} & \text{falls} \quad 0 \leq t \leq T \quad \vee \quad 2T < t \leq 3T \\ U_0 & \text{falls} \quad T < t \leq 2T \\ 0 & \text{sonst} \end{cases}$$

a) Skizzieren Sie das Eingangssignal $u_e(t)$.

b) Stellen Sie das Eingangssignal $u_e(t)$ als Summe zweier einfacher Rechteck-Funktionen $u_{e\_\alpha}(t)$ und $u_{e\_\beta}(t)$ dar.

c) Durch die Zerlegung von $u_e(t)$ in zwei einfache Rechteck-Funktionen können Sie die Systemantwort durch Überlagerung berechnen. Dafür ist die Kenntnis der Systemantwort auf eine allgemeine Rechteck-Funktion notwendig. Berechnen Sie das Spektrum $\underline{U}_{r\_allg}(f)$ der allgemeinen Rechteckfunktion.

d) Berechnen Sie die Systemantwort $\underline{U}_{a\_rect}(f)$ auf eine solche allgemeine Rechteck-Funktion durch Multiplikation der Übertragungsfunktion $\underline{H}(f)$ der Schaltung mit $\underline{U}_{r\_allg}(f)$.

e) Transformieren Sie $\underline{U}_{a\_rect}(f)$ zurück in den Zeitbereich. Nutzen Sie ggf. eine Partialbruchzerlegung und die Korrespondenztabelle.

f) Sie haben nun die Systemantwort auf eine allgemeine Rechteck-Funktion ermittelt. Wenden Sie den allgemeinen Fall nun auf Ihre speziellen Rechteck-Funktionen $u_{e\_\alpha}(t)$

und $u_{e\_\beta}(t)$ aus Teilaufgabe b) an und berechnen Sie die beiden Systemantworten $u_{a\_\alpha}(t)$ und $u_{a\_\beta}(t)$.

g) Berechnen Sie die ursprünglich gesuchte Systemantwort $u_a(t)$ auf das podestförmige Eingangssignal durch Überlagerung von $u_{a\_\alpha}(t)$ und $u_{a\_\beta}(t)$.

h) Zeichnen Sie das Ausgangssignal $u_a(t)$ qualitativ.

Aufgabe 6

Gegeben ist die aus Abschn. 6.1 Aufgabe 5 bekannte Schaltung:

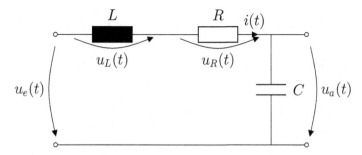

Sie haben die komplexe Übertragungsfunktion dieser Schaltung bereits in Abschn. 6.1 Aufgabe 5 berechnet als:

$$\underline{H}(f) = \frac{1}{LC} \cdot \frac{1}{\frac{1}{LC} + j2\pi f \frac{R}{L} + (j2\pi f)^2}$$

Gesucht ist nun die Antwort $u_a(t)$ des Filters auf ein periodisches Sägezahn-Signal. Die Übertragungsfunktion enthält im Nenner bereits ein Polynom zweiten Grades. Durch die Multiplikation der Übertragungsfunktion mit dem Spektrum des Eingangssignals ergibt sich für das Spektrum des Ausgangssignals ein noch höherer Grad. So wird die exakte Berechnung der Systemantwort sehr aufwendig.

Eine Möglichkeit, den Aufwand zu verringern, ist, das Eingangssignal durch eine Fourier-Reihe anzunähern. Sie müssen dann nur noch die Systemantwort auf einzelne Sinus- bzw. Kosinusfunktionen berechnen.

Beschreiben Sie dazu zuerst das folgende periodische Signal $u_e(t)$ durch eine reelle Fourier-Reihe. Nutzen Sie die aus Abschn. 2.1 bekannten Formeln zur Berechnung der reellen Fourier-Koeffizienten.

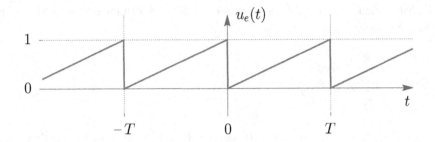

a) Beschreiben Sie $u_e(t)$ mathematisch.
b) Berechnen Sie den reellen Fourier-Koeffizienten a_0.
c) Berechnen Sie die reellen Fourier-Koeffizienten a_n.
d) Berechnen Sie die reellen Fourier-Koeffizienten b_n.
e) Entwickeln Sie die reelle Fourier-Reihe $u_{e\_FR}(t)$, indem Sie die Koeffizienten a_0, a_n und b_n einsetzen.
f) Der periodische Sägezahn ist nun in eine Summe von Sinusfunktionen und einen Gleichanteil zerlegt. Berechnen Sie das Spektrum einer allgemeinen Sinusfunktion und das Spektrum des Gleichanteils.
g) Berechnen Sie die Fourier-Transformierte der Systemantwort des Filters auf die Anregung mit der errechneten allgemeinen Sinusfunktion im Frequenzbereich.
h) Transformieren Sie $\underline{U}_{a\_Sinus}(f)$ zurück in den Zeitbereich. Lösen Sie dafür das Integral und vereinfachen Sie so weit, dass der Term keine imaginäre Einheit mehr enthält.
i) Berechnen Sie die Systemantwort des Filters auf die Anregung mit einem Gleichanteil im Frequenzbereich. Nutzen Sie das Spektrum, das Sie in Aufgabe f) errechnet haben.
j) Transformieren Sie $\underline{U}_{a\_Gleichanteil}(f)$ durch Integration zurück in den Zeitbereich.
k) Geben Sie nun die als Fourier-Reihe genäherte Systemantwort $u_{a\_FR}(t)$ an.

Aufgabe 7

Gegeben ist die aus Abschn. 6.1 Aufgabe 6 bekannte Schaltung:

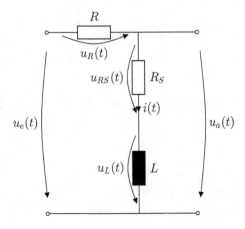

Sie haben die komplexe Übertragungsfunktion dieser Schaltung bereits in Abschn. 6.1
Aufgabe 6 berechnet als:

$$\underline{H}(f) = \frac{\dfrac{R_S}{L} + j2\pi f}{\dfrac{R + R_S}{L} + j2\pi f}$$

Berechnen Sie nun die Antwort $u_a(t)$ der gegebenen Schaltung auf einen durch $u_e(t)$
beschriebenen Abschaltvorgang:

$$u_e(t) = U_0 \cdot \sigma(-t)$$

a) Skizzieren Sie $u_e(t)$.
b) Transformieren Sie das Eingangssignal $u_e(t)$ in den Frequenzbereich. Zerlegen Sie $u_e(t)$
   dafür in einen geraden und einen ungeraden Anteil. Nutzen Sie dann den Zuordnungs-
   satz, den Ähnlichkeitssatz, den Vertauschungssatz und die Korrespondenztabellen.
c) Berechnen Sie $\underline{U}_a(f)$ durch Multiplikation von $\underline{H}(f)$ und $\underline{U}_e(f)$.
d) Transformieren Sie $\underline{U}_a(f)$ zurück in den Zeitbereich. Führen Sie ggf. eine Partialbruchzerlegung durch und nutzen Sie die Korrespondenztabelle.
e) Zeichnen Sie das Ausgangssignal $u_a(t)$ qualitativ.

Aufgabe 8

Gegeben ist die aus Abschn. 6.1 Aufgabe 7 bekannte Schaltung:

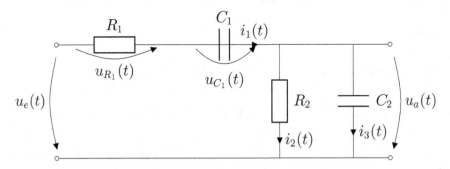

Sie haben die komplexe Übertragungsfunktion dieser Schaltung bereits in Abschn. 6.1
Aufgabe 7 berechnet als:

$$\underline{H}(f) = \frac{1}{RC} \cdot \frac{j2\pi f}{\dfrac{1}{(RC)^2} + \dfrac{3}{RC}j2\pi f + (j2\pi f)^2}$$

Gesucht ist nun die Antwort $u_a(t)$ der gegebenen Schaltung auf ein gleichgerichtetes Sinussignal:

$$u_e(t) = U_0 \cdot \left| \sin\left(\frac{\pi}{T}t\right) \right|$$

a) Skizzieren Sie $u_e(t)$.
b) Geben Sie die Periodendauer T an und berechnen Sie den reellen Fourier-Koeffizienten a_0.
c) Berechnen Sie die reellen Fourier-Koeffizienten a_n.
d) Warum sind die reellen Fourier-Koeffizienten $b_n = 0$?
e) Entwickeln Sie die reelle Fourier-Reihe $u_{e\_FR}(t)$, indem Sie die Koeffizienten a_0, a_n und b_n einsetzen.
f) Die gleichgerichtete Sinusfunktion ist nun in eine Summe von Kosinusfunktionen und einen Gleichanteil zerlegt. Berechnen Sie das Spektrum einer allgemeinen Kosinusfunktion und das Spektrum des Gleichanteils. Nutzen Sie dazu die Korrespondenztabelle und den Vertauschungssatz.
g) Berechnen Sie die Systemantwort des Filters auf die Anregung mit der errechneten allgemeinen Kosinusfunktion im Frequenzbereich.
h) Transformieren Sie $\underline{U}_{a\_Kosinus}(f)$ zurück in den Zeitbereich. Lösen Sie dafür das Integral und vereinfachen Sie so weit, dass der Term keine imaginäre Einheit mehr enthält.
i) Berechnen Sie die Systemantwort des Filters auf die Anregung mit einem Gleichanteil im Frequenzbereich. Nutzen Sie das Spektrum, dass Sie in Aufgabe f) errechnet haben.
j) Transformieren Sie $\underline{U}_{a\_Gleichanteil}(f)$ durch Integration zurück in den Zeitbereich.
k) Geben Sie nun die als Fourier-Reihe genäherte Systemantwort $u_{a\_FR}(t)$ an.

6.4 Musterlösungen zur Fourier-Rücktransformation

Lösung zur Aufgabe 1

a)

$$\underline{S}(f) = \text{rect}(f)$$

$$s(t) = \int\limits_{-\infty}^{\infty} \underline{S}(f) \cdot e^{j\,2\pi ft} \; df$$

$$= \int\limits_{-\frac{1}{2}}^{\frac{1}{2}} 1 \cdot e^{j\,2\pi ft} \; df$$

$$= \frac{1}{j\,2\pi t}\left[e^{j\,2\pi ft}\right]_{-\frac{1}{2}}^{\frac{1}{2}}$$

$$= \frac{1}{j\,2\pi t}\left[e^{j\,\pi t} - e^{-j\,\pi t}\right]$$

$$= \frac{1}{\pi t}\cdot\sin(\pi t)$$

$$= \underline{\underline{\mathrm{si}(\pi t)}}$$

b)

$$\underline{S}(f) = \mathrm{rect}(f - \tfrac{1}{2})\cdot\sin(f\cdot\pi)$$

$$s(t) = \int\limits_{-\infty}^{\infty} \underline{S}(f)\cdot e^{j\,2\pi ft}\ df$$

$$= \int\limits_{0}^{1} \sin(f\pi)\cdot e^{j\,2\pi ft}\ df$$

$$= \int\limits_{0}^{1} \frac{1}{2j}(e^{jf\pi} - e^{-jf\pi})\cdot e^{j\,2\pi ft}\ df$$

$$= \frac{1}{2j}\int\limits_{0}^{1} e^{jf\pi + j\,2\pi ft}\ df - \frac{1}{2j}\int\limits_{0}^{1} e^{-jf\pi + j\,2\pi ft}\ df$$

$$= \frac{1}{2j}\cdot\frac{1}{j\pi + j\,2\pi t}\left[e^{f(j\pi + j\,2\pi t)}\right]_{0}^{1} - \frac{1}{2j}\cdot\frac{1}{j\,2\pi t - j\pi}\left[e^{f(j\,2\pi t - j\pi)}\right]_{0}^{1}$$

$$= \frac{1}{2j}\cdot\frac{1}{j\pi + j\,2\pi t}\left[e^{j\pi + j\,2\pi t} - 1\right] - \frac{1}{2j}\cdot\frac{1}{j\,2\pi t - j\pi}\left[e^{j\,2\pi t - j\pi} - 1\right]$$

$$= \frac{1}{2j}\frac{1}{j}\frac{1}{\pi}\frac{1}{1+2t}\left[\underbrace{e^{j\pi}}_{=-1}\cdot e^{j\,2\pi t} - 1\right] - \frac{1}{2j}\frac{1}{j}\frac{1}{\pi}\frac{1}{2t-1}\left[e^{j\,2\pi t}\cdot\underbrace{e^{-j\pi}}_{=-1} - 1\right]$$

$$= -\frac{1}{2\pi}\frac{1}{1+2t}\left[-e^{j\pi 2t} - 1\right] + \frac{1}{2\pi}\frac{1}{2t-1}\left[-e^{j\,2\pi t} - 1\right]$$

$$= \frac{1}{2\pi}\frac{1}{1+2t}\,e^{j\pi t}\left[e^{j\pi t} + e^{-j\pi t}\right] - \frac{1}{2\pi}\frac{1}{2t-1}\,e^{j\pi t}\left[e^{j\pi t} + e^{-j\pi t}\right]$$

$$= \frac{1}{2\pi} \frac{1}{1+2t} e^{j\pi t} \cos(\pi t) \cdot 2 - \frac{1}{2\pi} \frac{1}{2t-1} e^{j\pi t} \cos(\pi t) \cdot 2$$

$$= \frac{1}{2\pi} e^{j\pi t} \left[\frac{1}{1+2t} - \frac{1}{2t-1} \right] \cdot \cos(\pi t) \cdot 2$$

$$= \frac{1}{\pi} e^{j\pi t} \cos(\pi t) \left[\frac{2t-1-2t-1}{(2t-1)(2t+1)} \right]$$

$$= \underline{\underline{\frac{1}{\pi} e^{j\pi t} \cos(\pi t) \frac{-2}{4t^2-1}}}$$

c)

$$\underline{S}(f) = \sigma(f) \cdot e^{-2f}$$

$$s(t) = \int\limits_{-\infty}^{\infty} \underline{S}(f) \cdot e^{j\,2\pi ft} \,\mathrm{d}f$$

$$= \int\limits_{0}^{\infty} e^{-2f} \cdot e^{j\,2\pi ft} \,\mathrm{d}f$$

$$= \int\limits_{0}^{\infty} e^{-f(2-j\,2\pi t)} \,\mathrm{d}f$$

$$= \frac{1}{j\,2\pi t-2} \cdot \left[e^{-f(2-j\,2\pi t)} \right]_0^{\infty}$$

$$= \frac{1}{j\,2\pi t-2} [0-1]$$

$$= -\frac{1}{j\,2\pi t-2}$$

$$= \underline{\underline{\frac{1}{2} \cdot \frac{1}{1-j\,\pi t}}}$$

Lösung zur Aufgabe 2

a)

$$s(t) = \text{rect}(t) * \text{rect}(t)$$

Korrespondenztabelle Nr. 1

$$\underline{S}(f) = \text{si}(\pi f) \cdot \text{si}(\pi f) = \text{si}^2(\pi f)$$

Korrespondenztabelle Nr. 2

$$s(t) = \underline{\underline{\text{tri}(t)}}$$

b)

$$s(t) = \sin(\pi t) * \delta(t - \frac{1}{2})$$

Korrespondenztabelle Nr. 13 und Nr. 6 + Verschiebungssatz mit $f_0 = \frac{1}{2\pi}$

$$\underline{S}(f) = \frac{1}{2j} \left[\delta(f - \frac{1}{2}) - \delta(f + \frac{1}{2}) \right] \cdot 1 \cdot e^{-j 2\pi f \frac{1}{2}}$$

Korrespondenztabelle Nr. 13

$$s(t) = \underline{\underline{\sin(\pi t - \frac{1}{2})}}$$

c)

$$s(t) = \sigma(t) \cdot e^{-\frac{t}{RC}} * \sigma(t) \cdot e^{-\frac{t}{RC}}$$

Korrespondenztabelle Nr. 5

$$\underline{S}(f) = \frac{RC}{1 + j 2\pi fRC} \cdot \frac{RC}{1 + j 2\pi fRC}$$

$$= \frac{(RC)^2}{(1 + j 2\pi fRC)^2}$$

$$= \frac{(RC)^2}{(1 + j 2\pi fRC)^2} \cdot \frac{(RC)^{-2}}{(RC)^{-2}}$$

$$= \frac{1}{((RC)^{-1} + j 2\pi f)^2}$$

Korrespondenztabelle Nr. 15 für $a = (RC)^{-1}$ und $n = 2$

$$s(t) = \sigma(t) \cdot \mathrm{e}^{-at} \cdot \frac{t^{n-1}}{(n-1)!}$$

$$= \sigma(t) \cdot \mathrm{e}^{-\frac{1}{RC} \cdot t} \cdot \frac{t^{2-1}}{(2-1)!}$$

$$= \underline{\underline{\sigma(t) \cdot t \cdot \mathrm{e}^{-\frac{t}{RC}}}}$$

Lösung zur Aufgabe 3

a)

$$\underline{S}(f) = \frac{1}{2\mathrm{j}} \cdot [\delta(f - f_0) - \delta(f + f_0)]$$

$$s(t) = \int_{-\infty}^{\infty} \underline{S}(f) \cdot \mathrm{e}^{\mathrm{j}2\pi ft} \, \mathrm{d}f$$

$$= \frac{1}{2\mathrm{j}} \int_{-\infty}^{\infty} [\delta(f - f_0) - \delta(f + f_0)] \, \mathrm{e}^{\mathrm{j}2\pi ft} \, \mathrm{d}f$$

$$= \frac{1}{2\mathrm{j}} \int_{-\infty}^{\infty} \delta(f - f_0) \cdot \mathrm{e}^{\mathrm{j}2\pi ft} \, \mathrm{d}f - \frac{1}{2\mathrm{j}} \int_{-\infty}^{\infty} \delta(f + f_0) \, \mathrm{e}^{\mathrm{j}2\pi ft} \, \mathrm{d}f$$

$$= \frac{1}{2\mathrm{j}} \cdot 1 \cdot \mathrm{e}^{\mathrm{j}2\pi f_0 t} - \frac{1}{2\mathrm{j}} \cdot 1 \cdot \mathrm{e}^{-\mathrm{j}2\pi f_0 t}$$

$$= \frac{1}{2\mathrm{j}} \left(\mathrm{e}^{\mathrm{j}2\pi f_0 t} - \mathrm{e}^{-\mathrm{j}2\pi f_0 t} \right)$$

$$= \underline{\underline{\sin(2\pi f_0 t)}}$$

b)

$$\underline{S}(f) = \frac{1}{2} \cdot \delta(f - f_0) + \frac{1}{2} \cdot \delta(f + f_0)$$

$$s(t) = \int\limits_{-\infty}^{\infty} \underline{S}(f) \cdot e^{j\,2\pi ft}\ df$$

$$= \frac{1}{2} \int\limits_{-\infty}^{\infty} \delta(f - f_0)\, e^{j\,2\pi ft}\ df + \frac{1}{2} \int\limits_{-\infty}^{\infty} \delta(f + f_0)\, e^{j\,2\pi ft}\ df$$

$$= \frac{1}{2} \cdot 1 \cdot e^{j\,2\pi f_0 t} + \frac{1}{2} \cdot 1 \cdot e^{-j\,2\pi f_0 t}$$

$$= \underline{\underline{\cos(2\pi f_0 t)}}$$

c)

$$\underline{S}(f) = \frac{1}{2} \cdot \delta(f) + \frac{1}{j\,2\pi f}$$

$$s(t) = \int\limits_{-\infty}^{\infty} \underline{S}(f) \cdot e^{j\,2\pi ft}\ df$$

$$= \frac{1}{2} \int\limits_{-\infty}^{\infty} \delta(f) \cdot e^{j\,2\pi ft}\ df + \int\limits_{-\infty}^{\infty} \frac{1}{j\,2\pi} \cdot \frac{1}{f} \cdot e^{j\,2\pi ft}\ df$$

$$= \frac{1}{2} + \underbrace{\mathcal{F}^{-1}\left\{\frac{1}{j\,2\pi f}\right\}}_{Nr.12}$$

$$= \frac{1}{2} + \frac{1}{2}\,\mathrm{sgn}(t)$$

$$= \underline{\underline{\sigma(t)}}$$

Lösung zur Aufgabe 4

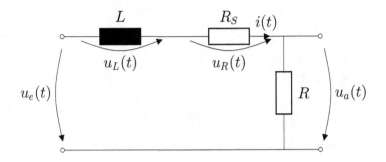

a) Eingangssignal:

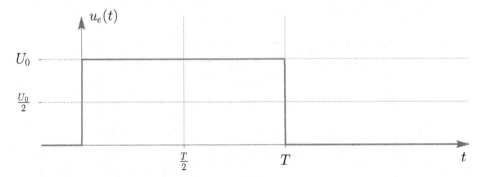

b) Schritt 4 des Lösungsverfahrens „Bildfunktion des Eingangssignals berechnen":

$$\underline{U}_e(f) = \mathcal{F}\{u_e(t)\} = \int\limits_{-\infty}^{\infty} u_e(t) \cdot e^{-j\,2\pi f t}\, dt$$

$$= U_0 \cdot \int\limits_{0}^{T} e^{-j\,2\pi f t}\, dt$$

$$= U_0 \cdot \frac{1}{-j\,2\pi f} \left[e^{-j\,2\pi f t} \right]_{0}^{T}$$

$$= U_0 \cdot \frac{1}{-j\,2\pi f} \left[e^{-j\,2\pi f T} - 1 \right]$$

$$= \frac{U_0}{j\,2\pi f} \left[1 - e^{-j\,2\pi f T} \right]$$

$$= \frac{U_0}{\pi f} e^{-j\,\pi f T} \sin(\pi f T)$$

c) Schritt 5 des Lösungsverfahrens „Gleichungssystem auflösen nach Bildfunktion der gesuchten Größe":

$$\underline{U_a}(f) = \underline{H}(f) \cdot \underline{U_e}(f)$$

$$= \frac{R}{L} \cdot \frac{1}{j2\pi f + \dfrac{R_S + R}{L}} \cdot U_0 \cdot \frac{1}{j2\pi f} \left[1 - e^{-j2\pi fT} \right]$$

$$= \frac{U_0 R}{L} \cdot \frac{1}{j2\pi f} \cdot \frac{1}{j2\pi f + \dfrac{R_S + R}{L}} \cdot \left[1 - e^{-j2\pi fT} \right]$$

d) Schritt 6 des Lösungsverfahrens „Zeitfunktion der gesuchten Größe" ermitteln:

$$u_a(t) = \mathcal{F}^{-1} \{ \underline{U_a}(f) \}$$

Partialbruchzerlegung: $\dfrac{1}{j2\pi f} \cdot \dfrac{1}{j2\pi f + \dfrac{R_S + R}{L}} = \dfrac{A}{j2\pi f} + \dfrac{B}{j2\pi f + \dfrac{R_S + R}{L}}$

$$A = \frac{1}{j2\pi f + \dfrac{R_S + R}{L}} \Bigg|_{f=0} = \frac{L}{R_S + R}$$

$$B = \frac{1}{j2\pi f} \Bigg|_{f = -\dfrac{R_S + R}{j2\pi L}} = -\frac{L}{R_S + R}$$

$$\underline{U_a}(f) = \frac{U_0 R}{R_S + R} \left(\frac{1}{j2\pi f} - \frac{1}{j2\pi f + \dfrac{R_S + R}{L}} \right) \cdot \left[1 - e^{-j2\pi fT} \right]$$

$$= \frac{U_0 R}{R_S + R} \Bigg[\frac{1}{j2\pi f} - \frac{1}{j2\pi f + \dfrac{R_S + R}{L}} - \frac{1}{j2\pi f} e^{-j2\pi fT}$$

$$+ \frac{1}{j2\pi f + \dfrac{R_S + R}{L}} e^{-j2\pi fT} \Bigg]$$

Korrespondenzen Nr. 15 und Nr. 12 sowie 5. Verschiebungssatz

$$u_a(t) = \frac{U_0 R}{R_S + R}\left[\frac{1}{2}\operatorname{sgn}(t) - \sigma(t)\cdot e^{-\frac{R_S+R}{L}\cdot t} - \frac{1}{2}\operatorname{sgn}(t-T) + \sigma(t-T)\cdot e^{-\frac{R_S+R}{L}\cdot(t-T)}\right]$$

$$= \frac{U_0 R}{R_S + R}\left[\operatorname{rect}(\frac{t-\frac{T}{2}}{T}) - \sigma(t)\cdot e^{-\frac{R_S+R}{L}\cdot t} + \sigma(t-T)\cdot e^{-\frac{R_S+R}{L}\cdot(t-T)}\right]$$

e) Ausgangssignal:

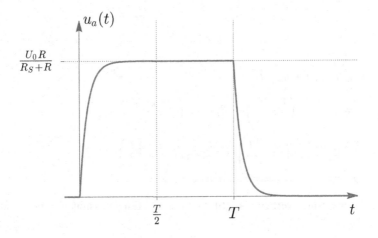

Lösung zur Aufgabe 5

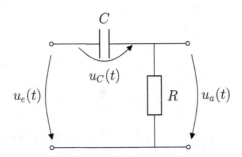

a) Eingangssignal:

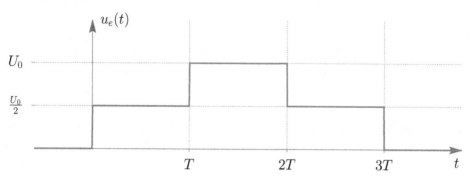

b)

$$u_e(t) = u_{e\_a}(t) + u_{e\_\beta}(t)$$

$$= \alpha_1 \cdot rect\left(\frac{t - \alpha_2}{\alpha_3}\right) + \beta_1 \cdot rect\left(\frac{t - \beta_2}{\beta_3}\right)$$

$$= \frac{U_0}{2} \cdot rect\left(\frac{t - \frac{3}{2}T}{3T}\right) + \frac{U_0}{2} \cdot rect\left(\frac{t - \frac{3}{2}T}{T}\right)$$

c) Schritt 4 des Lösungsverfahrens „Bildfunktion des Eingangssignals berechnen":

$$\underline{U}_{r\_allg}(f) = \mathcal{F}\{u_{e\_allg}(t)\} = \int\limits_{-\infty}^{\infty} c_1 \cdot rect\left(\frac{t - c_2}{c_3}\right) \cdot e^{-j\,2\pi ft}\,dt$$

$$= c_1 \cdot \int\limits_{-\infty}^{\infty} rect\left(\frac{t - c_2}{c_3}\right) \cdot e^{-j\,2\pi ft}\,dt$$

$$= c_1 \cdot \int\limits_{c_2 - \frac{c_3}{2}}^{c_2 + \frac{c_3}{2}} e^{-j\,2\pi ft}\,dt$$

$$= \frac{c_1}{-j\,2\pi f} \cdot \left[e^{-j\,2\pi ft}\right]_{c_2 - \frac{c_3}{2}}^{c_2 + \frac{c_3}{2}}$$

$$= \frac{c_1}{-j\,2\pi f} \cdot \left[e^{-j\,2\pi f\left(c_2 + \frac{c_3}{2}\right)} - e^{-j\,2\pi f\left(c_2 - \frac{c_3}{2}\right)}\right]$$

$$= \frac{c_1}{-j\,2\pi f} \cdot e^{-j\,2\pi fc_2} \cdot \left[e^{-j\,2\pi f\left(\frac{c_3}{2}\right)} - e^{-j\,2\pi f\left(\frac{c_3}{2}\right)}\right]$$

$$= \frac{c_1}{\pi f} \cdot e^{-j\,2\pi fc_2} \cdot \sin\left(\pi fc_3\right)$$

oder alternativ:

$$= \frac{c_1 c_3}{\pi f c_3} \cdot e^{-j\,2\pi f c_2} \cdot \sin(\pi f c_3)$$

$$= \underline{\underline{c_1 c_3 \cdot e^{-j\,2\pi f c_2} \cdot si(\pi f c_3)}}$$

d) Schritt 5 des Lösungsverfahrens „Gleichungssystem auflösen nach Bildfunktion der gesuchten Größe":

$$\underline{U}_{a\_rect}(f) = \underline{H}(f) \cdot \underline{U}_{r\_allg}(f)$$

$$= \frac{j\,2\pi f}{j\,2\pi f + \frac{1}{RC}} \cdot \frac{c_1}{\pi f} \cdot e^{-j\,2\pi f c_2} \cdot \sin(\pi f c_3)$$

$$= \underline{\underline{\frac{j\,2c_1}{j\,2\pi f + \frac{1}{RC}} \cdot e^{-j\,2\pi f c_2} \cdot \sin(\pi f c_3)}}$$

oder auch:

$$= \frac{j\,2\pi f}{j\,2\pi f + \frac{1}{RC}} \cdot \frac{c_1}{-j\,2\pi f} \cdot \left[e^{-j\,2\pi f\left(c_2 + \frac{c_3}{2}\right)} - e^{-j\,2\pi f\left(c_2 - \frac{c_3}{2}\right)} \right]$$

$$= \underline{\underline{\frac{c_1}{j\,2\pi f + \frac{1}{RC}} \cdot \left[e^{-j\,2\pi f\left(c_2 - \frac{c_3}{2}\right)} - e^{-j\,2\pi f\left(c_2 + \frac{c_3}{2}\right)} \right]}}$$

e) Schritt 6 des Lösungsverfahrens „Zeitfunktion der gesuchten Größe" ermitteln:

$$u_{a\_rect}(t) = \mathcal{F}^{-1}\left\{ \underline{U}_{a\_rect}(f) \right\}$$

$$= \mathcal{F}^{-1}\left\{ \frac{c_1}{j\,2\pi f + \frac{1}{RC}} \cdot \left[e^{-j\,2\pi f\left(c_2 - \frac{c_3}{2}\right)} - e^{-j\,2\pi f\left(c_2 + \frac{c_3}{2}\right)} \right] \right\}$$

$$= \mathcal{F}^{-1}\left\{ \frac{c_1}{j\,2\pi f + \frac{1}{RC}} \cdot e^{-j\,2\pi f\left(c_2 - \frac{c_3}{2}\right)} - \frac{c_1}{j\,2\pi f + \frac{1}{RC}} \cdot e^{-j\,2\pi f\left(c_2 + \frac{c_3}{2}\right)} \right\}$$

Korrespondenz Nr. 15 und 5. Verschiebungssatz

$$= c_1 \cdot \left[\sigma(t) \cdot e^{-\frac{1}{RC}t} * \delta\left(c_2 - \frac{c_3}{2}\right) - \sigma(t) \cdot e^{-\frac{1}{RC}t} * \delta\left(c_2 + \frac{c_3}{2}\right) \right]$$

$$= \underline{\underline{c_1 \cdot \left[\sigma\left(t - \left(c_2 - \frac{c_3}{2}\right)\right) \cdot e^{-\frac{1}{RC}\left(t - \left(c_2 - \frac{c_3}{2}\right)\right)} - \sigma\left(t - \left(c_2 + \frac{c_3}{2}\right)\right) \cdot e^{-\frac{1}{RC}\left(t - \left(c_2 + \frac{c_3}{2}\right)\right)} \right]}}$$

f)

$$u_{a\_\alpha}(t) = c_1 \cdot \left[\sigma\left(t - \left(c_2 - \frac{c_3}{2}\right)\right) \cdot e^{-\frac{1}{RC}(t-(c_2-\frac{c_3}{2}))} - \sigma\left(t - \left(c_2 + \frac{c_3}{2}\right)\right) \cdot e^{-\frac{1}{RC}(t-(c_2+\frac{c_3}{2}))}\right]$$

$$= \frac{U_0}{2} \cdot \left[\sigma\left(t\right) \cdot e^{-\frac{1}{RC}t} - \sigma\left(t - 3T\right) \cdot e^{-\frac{1}{RC}(t-3T)}\right]$$

$$u_{a\_\beta}(t) = \frac{U_0}{2} \cdot \left[\sigma\left(t - T\right) \cdot e^{-\frac{1}{RC}(t-T)} - \sigma\left(t - 2T\right) \cdot e^{-\frac{1}{RC}(t-2T)}\right]$$

g)

$$u_a(t) = u_{a\_\alpha}(t) + u_{a\_\beta}(t)$$

$$= \frac{U_0}{2} \cdot \left[\sigma\left(t\right) \cdot e^{-\frac{1}{RC}t} - \sigma\left(t - 3T\right) \cdot e^{-\frac{1}{RC}(t-3T)}\right]$$

$$+ \frac{U_0}{2} \cdot \left[\sigma\left(t - T\right) \cdot e^{-\frac{1}{RC}(t-T)} - \sigma\left(t - 2T\right) \cdot e^{-\frac{1}{RC}(t-2T)}\right]$$

$$= \frac{U_0}{2} \cdot \left[\sigma\left(t\right) \cdot e^{-\frac{1}{RC}t} - \sigma\left(t - 3T\right) \cdot e^{-\frac{1}{RC}(t-3T)}\right.$$

$$\left. + \sigma\left(t - T\right) \cdot e^{-\frac{1}{RC}(t-T)} - \sigma\left(t - 2T\right) \cdot e^{-\frac{1}{RC}(t-2T)}\right]$$

h) Ausgangssignal:

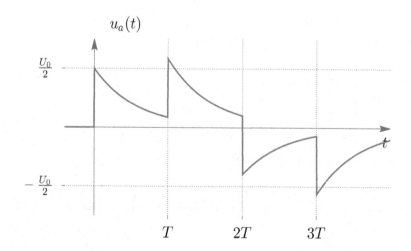

Lösung zur Aufgabe 6

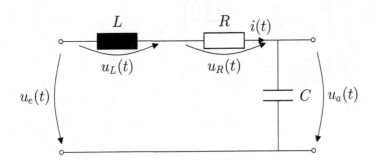

a)

$$u_e(t) = \frac{1V}{T} \cdot t = \underline{\underline{\frac{t}{T} \cdot V}} \qquad \text{für} \quad t \in (0|T) \quad \text{periodisch mit } T$$

b)

$$a_0 = \frac{2}{T} \int\limits_0^T u_e(t) \, \mathrm{d}t = \frac{2}{T} \int\limits_0^T \frac{t}{T} \cdot V \, \mathrm{d}t = \frac{2V}{T^2} \int\limits_0^T t \, \mathrm{d}t$$

$$= \frac{2V}{T^2} \left[\frac{1}{2}t^2 \right]_0^T = \frac{1V}{T^2} \left[T^2 - 0 \right] = \underline{\underline{1V}}$$

c)

$$a_n = \frac{2}{T} \int\limits_0^T u_e(t) \cdot \cos(n\omega_0 t) \, \mathrm{d}t$$

$$= \frac{2}{T} \int\limits_0^T \frac{t}{T} \cdot V \cdot \cos(n\omega_0 t) \, \mathrm{d}t$$

$$= \frac{2V}{T^2} \int\limits_0^T t \cdot \cos(n\omega_0 t) \, \mathrm{d}t \qquad \leftarrow \text{Bronstein}[1] \text{ Integral Nr. 318}$$

[1]Bronstein I A, Semendjajew K A (2012) Taschenbuch der Mathematik, Harri Deutsch, Thun und Frankfurt (Main)

$$= \frac{2V}{T^2} \left[\frac{\cos(n\omega_0 t)}{(n\omega_0)^2} + \frac{t \cdot \sin(n\omega_0 t)}{n\omega_0} \right]_0^T$$

$$= \frac{2V}{T^2} \left[\frac{\cos(n\frac{2\pi}{T} t)}{(n\frac{2\pi}{T})^2} + \frac{t \cdot \sin(n\frac{2\pi}{T} t)}{n\frac{2\pi}{T}} \right]_0^T$$

$$= \frac{2V}{T^2} \left[\frac{1}{(n\frac{2\pi}{T})^2} + 0 - \frac{1}{(n\frac{2\pi}{T})^2} + 0 \right]$$

$$= \underline{\underline{0}}$$

d)

$$b_n = \frac{2}{T} \int_0^T u_e(t) \cdot \sin(n\omega_0 t) \, \mathrm{d}t$$

$$= \frac{2}{T} \int_0^T \frac{t}{T} \cdot V \cdot \sin(n\omega_0 t) \, \mathrm{d}t$$

$$= \frac{2V}{T^2} \int_0^T t \cdot \sin(n\omega_0 t) \, \mathrm{d}t \qquad \leftarrow \text{Bronstein}[2] \text{ Integral Nr. 279}$$

$$= \frac{2V}{T^2} \left[\frac{\sin(n\omega_0 t)}{(n\omega_0)^2} - \frac{t \cdot \cos(n\omega_0 t)}{n\omega_0} \right]_0^T$$

$$= \frac{2V}{T^2} \left[\frac{\sin(n\frac{2\pi}{T} t)}{(n\frac{2\pi}{T})^2} - \frac{t \cdot \cos(n\frac{2\pi}{T} t)}{n\frac{2\pi}{T}} \right]_0^T$$

$$= \frac{2V}{T^2} \left[0 - \frac{T \cdot 1}{n\frac{2\pi}{T}} - 0 + 0 \right]$$

$$= \frac{2V}{T^2} \left[-\frac{T}{n\frac{2\pi}{T}} \right]$$

$$= \underline{\underline{-\frac{V}{n\pi}}}$$

[2]Bronstein I A, Semendjajew K A (2012) Taschenbuch der Mathematik, Harri Deutsch, Thun und Frankfurt (Main)

e)

$$u_{e\_FR}(t) = \frac{a_0}{2} + \sum_{n=1}^{\infty} a_n \cdot \cos(n\omega_0 t) + b_n \cdot sin(n\omega_0 t)$$

$$= \frac{1V}{2} + \sum_{n=1}^{\infty} \left(-\frac{1V}{n\pi}\right) sin(n\omega_0 t)$$

$$= \frac{1V}{2} - \frac{1V}{\pi} \sum_{n=1}^{\infty} \frac{1}{n} \cdot sin(n\omega_0 t)$$

f) Schritt 4 des Lösungsverfahrens „Bildfunktion des Eingangssignals berechnen":

$$\mathcal{F}\{\sin(n\omega_0 t)\} = \mathcal{F}\{\sin(2\pi n f_0 t)\}$$

Korrespondenz Nr. 13

$$= \frac{1}{2j} [\delta(f - nf_0) - \delta(f + nf_0)]$$

$$\mathcal{F}\{\frac{a_0}{2}\} = \frac{a_0}{2} \cdot \delta(f) \qquad \text{Korrespondenz Nr. 11}$$

g) Schritt 5 des Lösungsverfahrens „Gleichungssystem auflösen nach Bildfunktion der gesuchten Größe": (Teil 1)

$$\underline{U}_{a\_Sinus}(f) = \underline{H}(f) \cdot \mathcal{F}\{\sin(n\omega_0 t)\}$$

$$= \frac{1}{LC} \cdot \frac{1}{\frac{1}{LC} + j\,2\pi f\frac{R}{L} + (j\,2\pi f)^2} \cdot \frac{1}{2j} [\delta(f - nf_0) - \delta(f + nf_0)]$$

$$= \frac{1}{LC} \cdot \frac{1}{2j} \cdot \left[\frac{\delta(f - nf_0)}{\frac{1}{LC} + j\,2\pi f\frac{R}{L} + (j\,2\pi f)^2} - \frac{\delta(f + nf_0)}{\frac{1}{LC} + j\,2\pi f\frac{R}{L} + (j\,2\pi f)^2} \right]$$

h) Schritt 6 des Lösungsverfahrens „Zeitfunktion der gesuchten Größe" ermitteln: (Teil 1)

$$u_{a\_Sinus}(t) = \int_{-\infty}^{\infty} \underline{U}_{a\_sinus}(f) \cdot e^{j\,2\pi ft} df$$

$$= \int_{-\infty}^{\infty} \frac{1}{LC} \cdot \frac{1}{2j} \cdot \left[\frac{\delta(f - nf_0)}{\frac{1}{LC} + j\,2\pi f\frac{R}{L} + (j\,2\pi f)^2} - \frac{\delta(f + nf_0)}{\frac{1}{LC} + j\,2\pi f\frac{R}{L} + (j\,2\pi f)^2} \right] \cdot e^{j\,2\pi ft} df$$

$$= \frac{1}{2\,\mathrm{j}\,LC} \int\limits_{-\infty}^{\infty} \frac{\delta(f-nf_0)}{\frac{1}{LC}+\mathrm{j}\,2\pi f\frac{R}{L}+(\mathrm{j}\,2\pi f)^2} \cdot \mathrm{e}^{\mathrm{j}\,2\pi f t}\,df - \frac{1}{2\,\mathrm{j}\,LC} \int\limits_{-\infty}^{\infty} \frac{\delta(f+nf_0)}{\frac{1}{LC}+\mathrm{j}\,2\pi f\frac{R}{L}+(\mathrm{j}\,2\pi f)^2} \cdot \mathrm{e}^{\mathrm{j}\,2\pi f t}\,df$$

$$= \frac{1}{2\,\mathrm{j}\,LC} \frac{1}{\frac{1}{LC}+\mathrm{j}\,2\pi nf_0\frac{R}{L}+(\mathrm{j}\,2\pi nf_0)^2} \cdot \mathrm{e}^{\mathrm{j}\,2\pi nf_0 t} - \frac{1}{2\,\mathrm{j}\,LC} \frac{1}{\frac{1}{LC}-\mathrm{j}\,2\pi nf_0\frac{R}{L}+(-\mathrm{j}\,2\pi nf_0)^2} \cdot \mathrm{e}^{-\mathrm{j}\,2\pi nf_0 t}$$

$$= \frac{1}{2\,\mathrm{j}\,LC} \left[\frac{1}{\frac{1}{LC}-(2\pi nf_0)^2+\mathrm{j}\,2\pi nf_0\frac{R}{L}} \cdot \mathrm{e}^{\mathrm{j}\,2\pi nf_0 t} - \frac{1}{\frac{1}{LC}-(2\pi nf_0)^2-\mathrm{j}\,2\pi nf_0\frac{R}{L}} \cdot \mathrm{e}^{-\mathrm{j}\,2\pi nf_0 t} \right]$$

$$= \frac{1}{2\,\mathrm{j}\,LC} \left[\frac{\frac{1}{LC}-(2\pi nf_0)^2-\mathrm{j}\,2\pi nf_0\frac{R}{L}}{\left(\frac{1}{LC}-(2\pi nf_0)^2\right)^2+\left(2\pi nf_0\frac{R}{L}\right)^2} \cdot \mathrm{e}^{\mathrm{j}\,2\pi nf_0 t} - \frac{\frac{1}{LC}-(2\pi nf_0)^2+\mathrm{j}\,2\pi nf_0\frac{R}{L}}{\left(\frac{1}{LC}-(2\pi nf_0)^2\right)^2+\left(2\pi nf_0\frac{R}{L}\right)^2} \cdot \mathrm{e}^{-\mathrm{j}\,2\pi nf_0 t} \right]$$

$$= \frac{\left(\frac{1}{LC}-(2\pi nf_0)^2-\mathrm{j}\,2\pi nf_0\frac{R}{L}\right)\cdot\mathrm{e}^{\mathrm{j}\,2\pi nf_0 t}-\left(\frac{1}{LC}-(2\pi nf_0)^2+\mathrm{j}\,2\pi nf_0\frac{R}{L}\right)\cdot\mathrm{e}^{-\mathrm{j}\,2\pi nf_0 t}}{2\,\mathrm{j}\,LC\left(\left(\frac{1}{LC}-(2\pi nf_0)^2\right)^2+\left(2\pi nf_0\frac{R}{L}\right)^2\right)}$$

$$= \frac{\left(\frac{1}{LC}-(2\pi nf_0)^2\right)\cdot\mathrm{e}^{\mathrm{j}\,2\pi nf_0 t}-\mathrm{j}\,2\pi nf_0\frac{R}{L}\cdot\mathrm{e}^{\mathrm{j}\,2\pi nf_0 t}-\left(\frac{1}{LC}-(2\pi nf_0)^2\right)\cdot\mathrm{e}^{-\mathrm{j}\,2\pi nf_0 t}-\mathrm{j}\,2\pi nf_0\frac{R}{L}\cdot\mathrm{e}^{-\mathrm{j}\,2\pi nf_0 t}}{2\,\mathrm{j}\,LC\left(\left(\frac{1}{LC}-(2\pi nf_0)^2\right)^2+\left(2\pi nf_0\frac{R}{L}\right)^2\right)}$$

$$= \frac{\left(\frac{1}{LC}-(2\pi nf_0)^2\right)\cdot\left(\mathrm{e}^{\mathrm{j}\,2\pi nf_0 t}-\mathrm{e}^{-\mathrm{j}\,2\pi nf_0 t}\right)-\mathrm{j}\,2\pi nf_0\frac{R}{L}\cdot\left(\mathrm{e}^{\mathrm{j}\,2\pi nf_0 t}+\mathrm{e}^{-\mathrm{j}\,2\pi nf_0 t}\right)}{2\,\mathrm{j}\,LC\left(\left(\frac{1}{LC}-(2\pi nf_0)^2\right)^2+\left(2\pi nf_0\frac{R}{L}\right)^2\right)}$$

$$= \frac{2\,\mathrm{j}\left(\frac{1}{LC}-(2\pi nf_0)^2\right)\cdot\sin(2\pi nf_0 t)-2\,\mathrm{j}\,2\pi nf_0\frac{R}{L}\cdot\cos(2\pi nf_0 t)}{2\,\mathrm{j}\,LC\left(\left(\frac{1}{LC}-(2\pi nf_0)^2\right)^2+\left(2\pi nf_0\frac{R}{L}\right)^2\right)}$$

$$= \frac{\left(\frac{1}{LC}-(n\omega_0)^2\right)\cdot\sin(n\omega_0 t)-n\omega_0\frac{R}{L}\cdot\cos(n\omega_0 t)}{LC\left(\left(\frac{1}{LC}-(n\omega_0)^2\right)^2+\left(n\omega_0\frac{R}{L}\right)^2\right)}$$

i) Schritt 5 des Lösungsverfahrens „Gleichungssystem auflösen nach Bildfunktion der gesuchten Größe": (Teil 2)

$$\underline{U}_{a\_Gleichanteil}(f) = \underline{H}(f) \cdot \mathcal{F}\left\{\frac{a_0}{2}\right\}$$

$$= \frac{1}{LC} \cdot \frac{1}{\frac{1}{LC}+\mathrm{j}\,2\pi f\frac{R}{L}+(\mathrm{j}\,2\pi f)^2} \cdot \frac{a_0}{2} \cdot \delta(f)$$

$$= \frac{a_0}{2} \cdot \delta(f)$$

j) Schritt 6 des Lösungsverfahrens „Zeitfunktion der gesuchten Größe" ermitteln: (Teil 2)

$$u_{a\_Gleichanteil}(t) = \int\limits_{-\infty}^{\infty} \underline{U}_{a\_Gleichanteil}(f) \cdot \mathrm{e}^{\mathrm{j}\,2\pi f t}\,df$$

$$= \int\limits_{-\infty}^{\infty} \frac{1}{LC} \cdot \frac{1}{\frac{1}{LC} + j\,2\pi f\frac{R}{L} + (j\,2\pi f)^2} \cdot \frac{a_0}{2} \cdot \delta(f) \cdot e^{j\,2\pi ft}df$$

$$= \frac{1}{LC} \cdot \frac{1}{\frac{1}{LC} + 0 + 0} \cdot \frac{a_0}{2} \cdot 1$$

$$= \underline{\underline{\frac{a_0}{2}}}$$

k) Zusammenführung des Schritts 6 des Lösungsverfahrens (Teil 1 und Teil 2)

$$u_{a\_FR}(t) = \mathcal{F}^{-1}\left\{\underline{H}(f) \cdot \mathcal{F}\{u_{e\_FR}(t)\}\right\}$$

$$= \mathcal{F}^{-1}\left\{\underline{H}(f) \cdot \mathcal{F}\left\{\frac{1V}{2} - \frac{1V}{\pi}\sum_{n=1}^{\infty}\frac{1}{n}\cdot sin(n\omega_0 t)\right\}\right\}$$

$$= \mathcal{F}^{-1}\left\{\underline{H}(f) \cdot \mathcal{F}\left\{\frac{1V}{2}\right\} - \underline{H}(f) \cdot \mathcal{F}\left\{\frac{1V}{\pi}\sum_{n=1}^{\infty}\frac{1}{n}\cdot sin(n\omega_0 t)\right\}\right\}$$

$$= \mathcal{F}^{-1}\left\{\underline{H}(f) \cdot \mathcal{F}\left\{\frac{1V}{2}\right\} - \mathcal{F}\left\{\frac{1V}{\pi}\sum_{n=1}^{\infty}\frac{1}{n}\cdot \underline{H}(f) \cdot sin(n\omega_0 t)\right\}\right\}$$

$$= \underline{\underline{\frac{1V}{2} - \frac{1V}{\pi}\sum_{n=1}^{\infty}\frac{1}{n}\cdot \frac{\left(\frac{1}{LC}-(n\omega_0)^2\right)\cdot sin(n\omega_0 t) - n\omega_0\frac{R}{L}\cdot cos(n\omega_0 t)}{\left(\left(\frac{1}{LC}-(n\omega_0)^2\right)^2 + \left(n\omega_0\frac{R}{L}\right)^2\right)}}}$$

Lösung zur Aufgabe 7

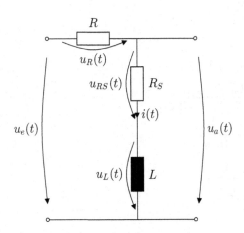

a) Eingangssignal:

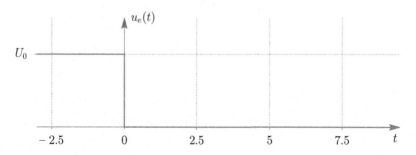

b) Schritt 4 des Lösungsverfahrens „Bildfunktion des Eingangssignals berechnen":

$$u_{e\_g}(t) = \frac{1}{2}\left(u_e(t) + u_e(-t)\right) = \frac{1}{2}\left(U_0 \cdot \sigma(-t) + U_0 \cdot \sigma(t)\right)$$

$$= \frac{U_0}{2}\left(\sigma(-t) + \sigma(t)\right) = \underline{\underline{\frac{U_0}{2}}}$$

$$u_{e\_u}(t) = \frac{1}{2}\left(u_e(t) - u_e(-t)\right) = \frac{1}{2}\left(U_0 \cdot \sigma(-t) - U_0 \cdot \sigma(t)\right)$$

$$= \underline{\underline{\frac{U_0}{2}sgn(-t)}}$$

$$\underline{S}_{Rg}(f) = \mathcal{F}\left\{u_{e\_g}(t)\right\}$$

$$= \mathcal{F}\left\{\frac{U_o}{2}\right\}$$

$$= \underline{\underline{\frac{U_0}{2}\delta(f)}}$$

$$j\,\underline{S}_{lu}(f) = \mathcal{F}\left\{u_{e\_u}(t)\right\}$$

$$= \mathcal{F}\left\{\frac{U_0}{2}\,sgn(-t)\right\}$$

$$= \frac{U_0}{2}\frac{1}{|-1|}\frac{1}{j\,\pi\frac{f}{-1}}$$

$$= \underline{\underline{-\frac{U_0}{2}\frac{1}{j\,\pi f}}}$$

$$\underline{U}_e(f) = \underline{S}_{Rg}(f) + j\,\underline{S}_{lu}(f)$$

$$= \frac{U_0}{2}\delta(f) - \frac{U_0}{2}\frac{1}{j\,\pi f}$$

c) Schritt 5 des Lösungsverfahrens „Gleichungssystem auflösen nach Bildfunktion der gesuchten Größe":

$$\underline{U}_a(f) = \underline{H}(f) \cdot \underline{U}_e(f)$$

$$= \frac{\frac{R_S}{L} + j\,2\pi f}{\frac{R+R_S}{L} + j\,2\pi f} \cdot \left[\frac{U_0}{2}\delta(f) - \frac{U_0}{2}\frac{1}{j\,\pi f}\right]$$

$$= U_0\frac{\frac{R_S}{L} + j\,2\pi f}{\frac{R+R_S}{L} + j\,2\pi f} \cdot \left[\frac{1}{2}\delta(f) - \frac{1}{j\,2\pi f}\right]$$

d) Schritt 6 des Lösungsverfahrens „Zeitfunktion der gesuchten Größe" ermitteln:

$$u_a(t) = \mathcal{F}^{-1}\left\{\underline{U}_a(f)\right\}$$

$$= \mathcal{F}^{-1}\left\{\frac{U_0}{2}\frac{\frac{R_S}{L} + j\,2\pi f}{\frac{R+R_S}{L} + j\,2\pi f}\delta(f) - U_0\frac{\frac{R_S}{L} + j\,2\pi f}{\frac{R+R_S}{L} + j\,2\pi f}\frac{1}{j\,2\pi f}\right\}$$

$$= \frac{U_0}{2}\frac{R_S}{R+R_S} - U_0\mathcal{F}^{-1}\left\{\frac{\frac{R_S}{L} + j\,2\pi f}{\frac{R+R_S}{L} + j\,2\pi f}\frac{1}{j\,2\pi f}\right\}$$

Partialbruchzerlegung:

$$\frac{\frac{R_S}{L} + j\,2\pi f}{j\,2\pi f\left(j\,2\pi f + \frac{R+R_S}{L}\right)} = \frac{A}{j\,2\pi f} + \frac{B}{j\,2\pi f + \frac{R_S+R}{L}}$$

$$A = \left.\frac{\frac{R_S}{L} + j\,2\pi f}{j\,2\pi f + \frac{R+R_S}{L}}\right|_{f=0} = \frac{R_S}{R+R_S}$$

$$B = \left.\frac{\frac{R_S}{L} + j\,2\pi f}{j\,2\pi f}\right|_{f=-\frac{R_S+R}{L}} = \frac{R}{R_S+R}$$

$$u_a(t) = \frac{U_0}{2}\frac{R_S}{R+R_S} - \frac{U_0}{R+R_S}\mathcal{F}^{-1}\left\{\frac{R_S}{j\,2\pi f} + \frac{R}{j\,2\pi f + \frac{R_S+R}{L}}\right\}$$

$$= \frac{U_0}{2}\frac{R_S}{R+R_S} - \frac{U_0}{R+R_S}\left[\frac{R_S}{2}sgn(t) + \sigma(t)R \cdot e^{-\frac{R_S+R}{L}t}\right]$$

$$= \frac{U_0}{R + R_S} \cdot \left[\frac{R_S}{2} - \frac{R_S}{2} sgn(t) + \sigma(t) R e^{-\frac{R_S+R}{L}t} \right]$$

$$= \underline{\underline{\frac{U_0}{R + R_S} \cdot \left[R_S \cdot \sigma(-t) - R \cdot \sigma(t) \cdot e^{-\frac{R_S+R}{L}t} \right]}}$$

e) Ausgangssignal:

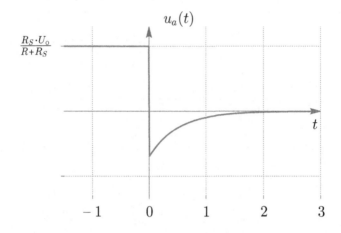

Lösung zur Aufgabe 8

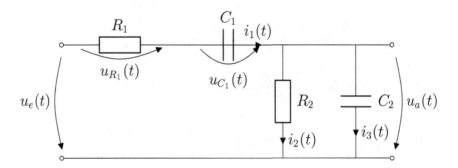

a) Eingangssignal:

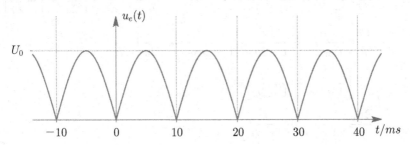

b)

$$T = \underline{10ms}$$

$$a_0 = \frac{2}{T} \int\limits_0^T u_e(t)dt = \frac{2}{T} \int\limits_0^T U_0 \cdot \left| sin\left(\frac{2\pi}{2T}t\right) \right| dt$$

$$= \frac{2U_0}{T} \int\limits_0^T sin\left(\frac{\pi}{T}t\right) dt$$

$$= \frac{2U_0}{T} \frac{T}{\pi} \left[-cos\left(\frac{\pi}{T}t\right) \right]_0^T$$

$$= \frac{2U_0}{\pi} \left[-cos\left(\frac{\pi}{T}T\right) + cos(0) \right]$$

$$= \frac{2U_0}{\pi} [-(-1) + 1]$$

$$= \underline{\underline{U_0 \frac{4}{\pi}}}$$

c)

$$a_n = \frac{2}{T} \int\limits_0^T u_e(t) \cdot cos(n\omega_0 t)\, dt = \frac{2}{T} \int\limits_0^T U_0 \cdot \left| sin\left(\frac{2\pi}{2T}\right) \right| cos(n\omega_0 t)\, dt$$

$$= \frac{2U_0}{T} \int\limits_0^T sin\left(\frac{\pi}{T}t\right) cos\left(n\frac{2\pi}{T}t\right) dt$$

$$= \frac{2U_0}{T} \left[-\frac{cos\left(\left(\frac{\pi}{T} + n\frac{2\pi}{T}\right)t\right)}{2\left(\frac{\pi}{T} + n\frac{2\pi}{T}\right)} - \frac{cos\left(\left(\frac{\pi}{T} - n\frac{2\pi}{T}\right)t\right)}{2\left(\frac{\pi}{T} - n\frac{2\pi}{T}\right)} \right]_0^T \qquad \begin{array}{l} \leftarrow \text{Bronstein}^3 \\ \text{Integral Nr. 408} \end{array}$$

---

[3]Bronstein I A, Semendjajew K A (2012) Taschenbuch der Mathematik, Harri Deutsch, Thun und Frankfurt (Main)

$$= \frac{2U_0}{T} \frac{1}{2\frac{\pi}{T}} \left[-\frac{\cos\left(\pi\left(1+2n\right)\right)}{1+2n} - \frac{\cos\left(\pi\left(1-2n\right)\right)}{1-2n} + \frac{1}{1+2n} + \frac{1}{1-2n} \right]$$

$$= \frac{U_0}{\pi} \left[\frac{1}{1+2n} + \frac{1}{1-2n} + \frac{1}{1+2n} + \frac{1}{1-2n} \right]$$

$$= \frac{U_0}{\pi} \left[\frac{2}{1+2n} + \frac{2}{1-2n} \right]$$

$$= \frac{2U_0}{\pi} \left[\frac{1}{1+2n} + \frac{1}{1-2n} \right]$$

$$= \frac{2U_0}{\pi} \left[\frac{1-2n+1+2n}{\left(1+2n\right)\left(1-2n\right)} \right]$$

$$= \underline{\underline{\frac{4U_0}{\pi} \frac{1}{1-4n^2}}}$$

d) Die gerade Funktion $|sin(...)|$ multipliziert mit der ungeraden Funktion $sin(...)$ ergibt eine ungerade Funktion. Das Integral über eine ungerade Funkion mit symmetrischen Grenzen ergibt immer 0.

e)

$$u_{e\_FR}(t) = \frac{a_0}{2} + \sum_{n=1}^{\infty} a_n \cdot \cos\left(n\omega_0 t\right) + b_n \cdot \sin\left(n\omega_0 t\right)$$

$$= \frac{U_0\frac{4}{\pi}}{2} + \sum_{n=1}^{\infty} \left(\frac{4U_0}{\pi} \frac{1}{1-4n^2} \right) \cdot \cos\left(n\omega_0 t\right)$$

$$= \underline{\underline{\frac{2U_0}{\pi} + \frac{4U_0}{\pi} \sum_{n=1}^{\infty} \frac{1}{1-4n^2} \cdot \cos\left(n\omega_0 t\right)}}$$

f) Schritt 4 des Lösungsverfahrens „Bildfunktion des Eingangssignals berechnen":

$$\mathcal{F}\left\{\cos\left(n\omega_0 t\right)\right\} = \mathcal{F}\left\{\cos\left(2\pi n f_o t\right)\right\}$$

$$= \underline{\underline{\frac{1}{2} \left[\delta\left(f - n f_0\right) + \delta\left(f + n f_0\right)\right]}}$$

$$\mathcal{F}\left\{\frac{a_0}{2}\right\} = \mathcal{F}\left\{\frac{2U_0}{\pi}\right\}$$

$$= \underline{\underline{\frac{2U_0}{\pi}\delta\left(f\right)}}$$

g) Schritt 5 des Lösungsverfahrens „Gleichungssystem auflösen nach Bildfunktion der gesuchten Größe": (Teil 1)

$$\underline{U}_{a\_Kosinus}(f) = \underline{H}(f) \cdot \mathcal{F}\{cos\,(n\omega_0 t)\}$$

$$= \frac{1}{RC} \cdot \frac{j\,2\pi f}{\frac{1}{(RC)^2} + \frac{3}{RC}j\,2\pi f + (j\,2\pi f)^2} \cdot \frac{1}{2}\left[\delta\,(f - nf_0) + \delta\,(f + nf_0)\right]$$

$$= \frac{1}{RC}\frac{1}{2} \cdot \left[\frac{j\,2\pi f \cdot \delta\,(f - nf_0)}{\frac{1}{(RC)^2} + \frac{3}{RC}j\,2\pi f + (j\,2\pi f)^2} + \frac{j\,2\pi f \cdot \delta\,(f + nf_0)}{\frac{1}{(RC)^2} + \frac{3}{RC}j\,2\pi f + (j\,2\pi f)^2}\right]$$

h) Schritt 6 des Lösungsverfahrens „Zeitfunktion der gesuchten Größe" ermitteln: (Teil 1)

$$u_{a\_Kosinus}(t) = \int\limits_{-\infty}^{\infty} \underline{U}_{a\_Kosinus}(f) \cdot e^{j\,2\pi ft}df$$

$$= \int\limits_{-\infty}^{\infty} \frac{1}{RC}\frac{1}{2} \cdot \left[\frac{j\,2\pi f \cdot \delta(f - nf_0)}{\frac{1}{(RC)^2} + \frac{3}{RC}j\,2\pi f + (j\,2\pi f)^2} + \frac{j\,2\pi f \cdot \delta(f + nf_0)}{\frac{1}{(RC)^2} + \frac{3}{RC}j\,2\pi f + (j\,2\pi f)^2}\right] \cdot e^{j\,2\pi ft}df$$

$$= \frac{1}{RC}\frac{1}{2} \cdot \int\limits_{-\infty}^{\infty} \frac{j\,2\pi f \cdot \delta(f - nf_0)}{\frac{1}{(RC)^2} + \frac{3}{RC}j\,2\pi f + (j\,2\pi f)^2} \cdot e^{j\,2\pi ft} + \frac{j\,2\pi f \cdot \delta\,(f + nf_0)}{\frac{1}{(RC)^2} + \frac{3}{RC}j\,2\pi f + (j\,2\pi f)^2} \cdot e^{j\,2\pi ft}df$$

$$= \frac{1}{RC}\frac{1}{2}\left[\frac{j\,2\pi nf_0 \cdot e^{j\,2\pi nf_0 t}}{\frac{1}{(RC)^2} + \frac{3}{RC}j\,2\pi nf_0 + (j\,2\pi nf_0)^2} - \frac{j\,2\pi nf_0 \cdot e^{-j\,2\pi nf_0 t}}{\frac{1}{(RC)^2} - \frac{3}{RC}j\,2\pi nf_0 + (j\,2\pi nf_0)^2}\right]$$

$$= \frac{j\,2\pi nf_0}{2RC}\left[\frac{\left(\frac{1}{(RC)^2} - \frac{3}{RC}j\,2\pi nf_0 + (j\,2\pi nf_0)^2\right) \cdot e^{j\,2\pi nf_0 t} - \left(\frac{1}{(RC)^2} + \frac{3}{RC}j\,2\pi nf_0 + (j\,2\pi nf_0)^2\right) \cdot e^{-j\,2\pi nf_0 t}}{\left(\frac{1}{(RC)^2} + \frac{3}{RC}j\,2\pi nf_0 + (j\,2\pi nf_0)^2\right)\left(\frac{1}{(RC)^2} - \frac{3}{RC}j\,2\pi nf_0 + (j\,2\pi nf_0)^2\right)}\right]$$

$$= \frac{j\,2\pi nf_0}{2RC}\left[\frac{\left(\frac{1}{(RC)^2} - (2\pi nf_0)^2 - j\frac{6}{RC}\pi nf_0\right) \cdot e^{j\,2\pi nf_0 t} - \left(\frac{1}{(RC)^2} - (2\pi nf_0)^2 + j\frac{6}{RC}\pi nf_0\right) \cdot e^{-j\,2\pi nf_0 t}}{\left(\frac{1}{(RC)^2} - (2\pi nf_0)^2 + j\frac{6}{RC}\pi nf_0\right)\left(\frac{1}{(RC)^2} - (2\pi nf_0)^2 - j\frac{6}{RC}\pi nf_0\right)}\right]$$

$$= \frac{j\,2\pi nf_0}{2RC}\left[\frac{\left(\frac{1}{(RC)^2} - (2\pi nf_0)^2\right) \cdot \left(e^{j\,2\pi nf_0 t} - e^{-j\,2\pi nf_0 t}\right) - \left(j\frac{6}{RC}\pi nf_0\right) \cdot \left(e^{j\,2\pi nf_0 t} + e^{-j\,2\pi nf_0 t}\right)}{\left(\frac{1}{(RC)^2} - (2\pi nf_0)^2\right)^2 + \left(\frac{6}{RC}\pi nf_0\right)^2}\right]$$

$$= \frac{j\,2\pi nf_0}{2RC}\left[\frac{\left(\frac{1}{(RC)^2} - (2\pi nf_0)^2\right) \cdot 2j \cdot sin(2\pi nf_0 t) - \left(j\frac{6}{RC}\pi nf_0\right) \cdot 2 \cdot cos(2\pi nf_0 t)}{\left(\frac{1}{(RC)^2} - (2\pi nf_0)^2\right)^2 + \left(\frac{6}{RC}\pi nf_0\right)^2}\right]$$

$$= \frac{2\pi nf_0}{2RC} \cdot \frac{\left(\frac{6}{RC}\pi nf_0\right) \cdot cos(2\pi nf_0 t) - \left(\frac{1}{(RC)^2} - (2\pi nf_0)^2\right) \cdot sin(2\pi nf_0 t)}{\left(\frac{1}{(RC)^2} - (2\pi nf_0)^2\right)^2 + \left(\frac{6}{RC}\pi nf_0\right)^2}$$

i) Schritt 5 des Lösungsverfahrens „Gleichungssystem auflösen nach Bildfunktion der gesuchten Größe": (Teil 2)

$$\underline{U}_{a\_Gleichanteil}(f) = \underline{H}(f) \cdot \mathcal{F}\left\{\frac{2U_0}{\pi}\right\}$$

$$= \frac{1}{RC} \cdot \frac{j\,2\pi f}{\frac{1}{(RC)^2} + \frac{3}{RC}j\,2\pi f + (j\,2\pi f)^2} \cdot \frac{2U_0}{\pi}\delta(f)$$

j) Schritt 6 des Lösungsverfahrens „Zeitfunktion der gesuchten Größe" ermitteln: (Teil 2)

$$u_{a\_Gleichanteil}(t) = \int_{-\infty}^{\infty} \underline{U}_{a\_Gleichanteil}(f) \cdot e^{j\,2\pi ft}\,df$$

$$= \int_{-\infty}^{\infty} \frac{1}{RC} \cdot \frac{j\,2\pi f}{\frac{1}{(RC)^2} + \frac{3}{RC}j\,2\pi f + (j\,2\pi f)^2} \cdot \frac{a_0}{2}\delta(f) \cdot e^{j\,2\pi ft}\,df$$

$$= \frac{1}{RC} \cdot \frac{0}{\frac{1}{(RC)^2} + 0 + 0} \cdot \frac{a_0}{2} \cdot 1$$

$$= \underline{\underline{0}}$$

k) Zusammenführung der beiden Teillösungen zur Gesamtlösung:

$$u_{a\_FR}(t) = \mathcal{F}^{-1}\left\{\underline{H}(f) \cdot \mathcal{F}\left\{u_{e\_FR}(t)\right\}\right\}$$

$$= \mathcal{F}^{-1}\left\{\underline{H}(f) \cdot \mathcal{F}\left\{\frac{2U_0}{\pi} + \frac{4U_0}{\pi}\sum_{n=1}^{\infty}\frac{1}{1-4n^2} \cdot \cos(n\omega_0 t)\right\}\right\}$$

$$= \mathcal{F}^{-1}\left\{\underline{H}(f) \cdot \mathcal{F}\left\{\frac{2U_0}{\pi}\right\} + \underline{H}(f) \cdot \mathcal{F}\left\{\frac{4U_0}{\pi}\sum_{n=1}^{\infty}\frac{1}{1-4n^2} \cdot \cos(n\omega_0 t)\right\}\right\}$$

$$= \mathcal{F}^{-1}\left\{\underline{H}(f) \cdot \mathcal{F}\left\{\frac{2U_0}{\pi}\right\} + \frac{4U_0}{\pi}\sum_{n=1}^{\infty}\frac{1}{1-4n^2} \cdot \underline{H}(f) \cdot \mathcal{F}\left\{\cos(n\omega_0 t)\right\}\right\}$$

$$= \mathcal{F}^{-1}\left\{\underline{H}(f) \cdot \mathcal{F}\left\{\frac{2U_0}{\pi}\right\}\right\} + \frac{4U_0}{\pi}\sum_{n=1}^{\infty}\frac{1}{1-4n^2} \cdot \mathcal{F}^{-1}\left\{\underline{H}(f) \cdot \mathcal{F}\left\{\cos(n\omega_0 t)\right\}\right\}$$

$$= 0 + \frac{4U_0}{\pi}\sum_{n=1}^{\infty}\frac{1}{1-4n^2} \cdot \frac{2\pi nf_0}{RC} \cdot \frac{\left(\frac{6}{RC}\pi nf_0\right)\cdot\cos(2\pi nf_0 t) - \left(\frac{1}{(RC)^2}-(2\pi nf_0)^2\right)\cdot\sin(2\pi nf_0 t)}{\left(\frac{1}{(RC)^2}-(2\pi nf_0)^2\right)^2 + \left(\frac{6}{RC}\pi nf_0\right)^2}$$

$$= \frac{4U_0}{\pi} \cdot \frac{2\pi f_0}{RC} \cdot \sum_{n=1}^{\infty}\frac{n}{1-4n^2} \cdot \frac{\left(\frac{6}{RC}\pi nf_0\right)\cdot\cos(2\pi nf_0 t) - \left(\frac{1}{(RC)^2}-(2\pi nf_0)^2\right)\cdot\sin(2\pi nf_0 t)}{\left(\frac{1}{(RC)^2}-(2\pi nf_0)^2\right)^2 + \left(\frac{6}{RC}\pi nf_0\right)^2}$$

Laplace-Transformation 7

Zusammenfassung

Die Laplace- ist wie die Fourier-Transformation eine Funktional-Transformation. Sie ermöglicht wie die Fourier-Transformation die Betrachtung eines Zeitsignals im **Frequenzbereich**. Sie stellt allerdings keine echte Erweiterung, sondern eine Modifikation der Fourier-Transformation dar.

Dazu wird der Kern der Fourier-Transformation um den Konvergenzfaktor $e^{-\sigma t}$ ergänzt wodurch die Menge der transformierbaren Signale und Systeme deutlich erweitert wird. Dies führt andererseits auf eine Einschränkung der zu transformierenden Signale auf $t \geq 0$. Diese Einschränkung spielt in der praktischen Anwendung der Laplace-Transformation in der Elektrotechnik aber kaum eine Rolle, da Signale in der Regel zu einem bestimmten Zeitpunkt eingeschaltet werden, welcher dann als $t = 0$ definiert werden kann. In diesem Kapitel wird die Laplace-Transformation vorgestellt.

Ein Problem bei der Anwendbarkeit der Fourier-Transformation ist die Bedingung der **absoluten Integrierbarkeit**

$$\int_{-\infty}^{\infty} |s(t)| \, dt < \infty$$

welche oftmals nicht erfüllt ist.

Diese läßt sich durch Einführen eines **Konvergenzfaktors**

$$e^{-\sigma|t|} \qquad \text{mit} \qquad \lim_{\sigma \to 0+}$$

zumindest für „nur" expotentiell wachsende Funktionen „erzwingen".

© Springer Fachmedien Wiesbaden GmbH, ein Teil von Springer Nature 2020
Bernhard Rieß und Christoph Wallraff, *Übungsbuch Signale und Systeme*,
https://doi.org/10.1007/978-3-658-30371-6_7

Allerdings wird durch den $|t|$ die Transformation auf $t \geq 0$ eingeschränkt.

Unter **Hinzunahme des Konvergenzfaktors** in den Kern der Fourier-Transformation und unter Beachtung obiger Einschränkung ergibt sich die **Laplace-Transformation** zu:

$$\int\limits_{0}^{\infty} s(t) \cdot \mathrm{e}^{-\sigma t} \cdot \mathrm{e}^{-\mathrm{j}\,2\pi ft}\, \mathrm{d}t$$

$$= \int\limits_{0}^{\infty} s(t) \cdot \mathrm{e}^{-(\sigma+\mathrm{j}\,\omega)t}\, \mathrm{d}t \qquad \text{mit} \qquad \omega = 2\pi f$$

$$= \int\limits_{0}^{\infty} s(t) \cdot \mathrm{e}^{-pt}\, \mathrm{d}t \qquad \text{mit} \qquad p = \sigma + \mathrm{j}\,\omega$$

Zusammengefasst lauten die Transformationsformeln der Laplace-Transformation:

Laplace-Transformation: $\qquad \underline{S}(p) = \int\limits_{0}^{\infty} s(t) \cdot \mathrm{e}^{-pt}\, \mathrm{d}t$

Laplace-Rücktransformation: $\qquad s(t) = \dfrac{1}{\mathrm{j}\,2\pi} \int\limits_{\sigma-\mathrm{j}\infty}^{\sigma+\mathrm{j}\infty} \underline{S}(p) \cdot \mathrm{e}^{pt}\, \mathrm{d}p$

---

bzw. abgekürzt:

$$\underline{S}(p) = \mathcal{L}\{s(t)\}$$

$$s(t) = \mathcal{L}^{-1}\{\underline{S}(f)\}$$

Die **Korrespondenz** eines Zeitsignals zu einer Laplace-Transformierten wird wieder durch eine „Hantel" symbolisiert.

$$s(t) \quad \circ\!\!-\!\!\bullet \quad \underline{S}(p)$$

Die Laplace-Transformation ist **keine echte Erweiterung** der Fourier-Transformation. Die Transformation wird zwar durch Hinzufügen des Konvergenzfaktors **erweitert** allerdings durch die Beschränkung auf Zeitsignale für die gilt

$$s(t) = 0 \qquad \forall \qquad t < 0$$

eingeschränkt. D.h. die Laplace-Transformation ist nur auf **kausale Signale** anwendbar.

Die **Gesetze** der Laplace-Transformation für **reelle und kausale Zeitsignale** $s(t)$ sind:

1. Linearität	$s(t) = \alpha \cdot s_1(t) + \beta \cdot s_2(t)$ $\underline{S}(p) = \alpha \cdot \underline{S}_1(p) + \beta \cdot \underline{S}_2(p)$
2. Verschiebungssatz	$s(t) \circ\!\!-\!\!\bullet \quad \underline{S}(p)$ $s(t - t_0) \circ\!\!-\!\!\bullet \quad e^{-pt_0} \cdot \underline{S}(p)$
3. Dämpfung (Modulation)	$s(t) \cdot e^{-at} \circ\!\!-\!\!\bullet \quad \underline{S}(p - a)$
4. Ähnlichkeitssatz	$s(a \cdot t) \circ\!\!-\!\!\bullet \quad \frac{1}{|a|}\underline{S}(\frac{p}{a})$
5. Differentiation	$\frac{d}{dt}s(t) \circ\!\!-\!\!\bullet \quad p \cdot \underline{S}(p) - s(t = +0)$
6. Integration	$\int_0^t s(\tau)\,d\tau \circ\!\!-\!\!\bullet \quad \frac{1}{p} \cdot \underline{S}(p)$
7. Anfangswertsatz	$s(t = +0) = \lim\limits_{p \to \infty} p \cdot \underline{S}(p)$
8. Endwertsatz	$s(t \to \infty) = \lim\limits_{p \to 0} p \cdot \underline{S}(p)$
9. Faltung	$s_1(t) * s_2(t)) \circ\!\!-\!\!\bullet \quad \underline{S}_1(p) \cdot \underline{S}_2(p)$

Übersicht über die wichtigsten **Laplace-Korrespondenzen**:

Nr.	$\underline{S}(p)$	$s(t)$, für $t > 0$; 0 sonst	Bemerkungen
0	1	$\delta(t)$	
1	$\frac{1}{p-a}$	e^{at}	auch für $a = 0$
2.0a	$\frac{1}{(p-a)\cdot(p-b)}$	$\frac{\mathrm{e}^{at}-\mathrm{e}^{bt}}{a-b}$	$a \neq b$
2.0b	$\frac{1}{(p-a)^2}$	$t \cdot \mathrm{e}^{at}$	
2.1a	$\frac{p}{(p-a)\cdot(p-b)}$	$\frac{a\cdot\mathrm{e}^{at}-b\cdot\mathrm{e}^{bt}}{a-b}$	$a \neq b$
2.1b	$\frac{p}{(p-a)^2}$	$(1 + a \cdot t) \cdot \mathrm{e}^{at}$	
2.c	$\frac{\omega}{p^2+\omega^2}$	$\sin(\omega t)$	
2.d	$\frac{\omega}{p^2-\omega^2}$	$\sinh(\omega t)$	
2.e	$\frac{p}{p^2+\omega^2}$	$\cos(\omega t)$	
2.f	$\frac{p}{p^2-\omega^2}$	$\cosh(\omega t)$	
2.g	$\frac{\omega}{p^2+2\alpha p+(\omega^2+\alpha^2)}$	$\mathrm{e}^{-\alpha t} \cdot \sin(\omega t)$	
2.h	$\frac{\omega+\alpha}{p^2+2\alpha p+(\omega^2+\alpha^2)}$	$\mathrm{e}^{-\alpha t} \cdot \cos(\omega t)$	
3.0a	$\frac{1}{(p-a)\cdot(p-b)\cdot(p-c)}$	$\frac{(b-c)\cdot\mathrm{e}^{at}+(c-a)\cdot\mathrm{e}^{bt}+(a-b)\cdot\mathrm{e}^{ct}}{(a-b)\cdot(b-c)\cdot(a-c)}$	$a \neq b \neq c$
3.0b	$\frac{1}{(p-a)\cdot(p-b)^2}$	$\frac{\mathrm{e}^{at}-\{1+(a-b)t\}\cdot\mathrm{e}^{bt}}{(a-b)^2}$	$a \neq b$
3.0c	$\frac{1}{(p-a)^3}$	$\frac{1}{2} \cdot t^2 \cdot \mathrm{e}^{at}$	
3.1a	$\frac{p}{(p-a)\cdot(p-b)\cdot(p-c)}$	$\frac{a\cdot(b-c)\cdot\mathrm{e}^{at}+b\cdot(c-a)\cdot\mathrm{e}^{bt}+c\cdot(a-b)\cdot\mathrm{e}^{ct}}{(a-b)\cdot(b-c)\cdot(a-c)}$	$a \neq b \neq c$
3.1b	$\frac{p}{(p-a)\cdot(p-b)^2}$	$\frac{a\cdot\mathrm{e}^{at}-\{a+b\cdot(a-b)t\}\cdot\mathrm{e}^{bt}}{(a-b)^2}$	$a \neq b$
3.1c	$\frac{p}{(p-a)^3}$	$(t + \frac{1}{2} \cdot a \cdot t^2) \cdot \mathrm{e}^{at}$	
3.2a	$\frac{p^2}{(p-a)\cdot(p-b)\cdot(p-c)}$	$\frac{a^2\cdot(b-c)\cdot\mathrm{e}^{at}+b^2\cdot(c-a)\cdot\mathrm{e}^{bt}+c^2\cdot(a-b)\cdot\mathrm{e}^{ct}}{(a-b)\cdot(b-c)\cdot(a-c)}$	$a \neq b \neq c$
3.2b	$\frac{p^2}{(p-a)\cdot(p-b)^2}$	$\frac{a^2\cdot\mathrm{e}^{at}-\{2ab-b^2+b^2\cdot(a-b)t\}\cdot\mathrm{e}^{bt}}{(a-b)^2}$	$a \neq b$
3.2c	$\frac{p^2}{(p-a)^3}$	$(1 + 2at + \frac{1}{2} \cdot a^2 \cdot t^2) \cdot \mathrm{e}^{at}$	

Mit Hilfe der Laplace-Transformation kann die Laplace-Transformierte des Ausgangssignals $\underline{Y}(p)$ eines linearen zeitinvarianten Systems berechnet werden als **Produkt** der Laplace-Transformierten des Eingangssignals $\underline{X}(p)$ und der Laplace-Transformierten der Impulsantwort $\underline{H}(p)$:

$$\underline{Y}(p) = \underline{H}(p) \cdot \underline{X}(p)$$

Dieser Rechenweg ist in der Regel wesentlich einfacher als die Lösung der Differentialgleichung oder die Faltung. Die Laplace-Transformierte der Impulsantwort bezeichnet man als **Übertragungsfunktion $\underline{H}(p)$ des Systems**

$$\underline{H}(p) = \int\limits_{0}^{\infty} h(t)\mathrm{e}^{-pt}\,\mathrm{d}t = \mathcal{L}\{h(t)\}$$

Die Impulsantwort ist demnach die Laplace-Rücktransformierte der Übertragungsfunktion:

$$h(t) = \frac{1}{\mathrm{j}\,2\pi} \int\limits_{\sigma-\mathrm{j}\,\infty}^{\sigma+\mathrm{j}\,\infty} \underline{H}(p)\mathrm{e}^{pt}\,\mathrm{d}p = \mathcal{L}^{-1}\{\underline{H}(p)\}$$

Ein System ist **stabil**, wenn gilt:

$$\Re\{p_{\infty k}\} \leq 0 \qquad \forall \qquad k$$

wobei $p_{\infty k}$ die k Polstellen der Übertragungsfunktion $\underline{H}(p)$ des Systems sind.
Achtung: Dies gilt nur, wenn bei der Aufstellung von $\underline{H}(p)$ keine Pol-Nullstellenkürzungen vorgenommen wurden!
Zur Lösung von Aufgaben mit der Laplace-Transformation kann folgendes **Standard-Lösungsverfahren** angewendet werden:

1. Schaltung mit Zählpfeilen versehen
2. Kirchhoffsche Gleichungen und Element-Gleichungen aufstellen
3. Gleichungssystem in den Bildbereich transformieren
4. Anfangsbedingungen einsetzen
5. Bildfunktion des Eingangssignals berechnen → Korrespondenztabelle
6. Gleichungssystem auflösen nach der Bildfunktion der gesuchten Größe
7. Zeitfunktion der gesuchten Größe ermitteln → Korrespondenztabelle

7.1   Übungsaufgaben

Aufgabe 1

Ermitteln Sie zu $s(t)$ die Laplace-Transformierte $\underline{S}(p)$ durch Lösen des Integrals.

a) $s(t) = \delta(t)$
b) $s(t) = \delta(t-1)$
c) $s(t) = \sigma(t) \cdot e^{at}$
d) $s(t) = \sigma(t) \cdot e^{-\frac{t}{RC}}$
e) $s(t) = \sigma(t) \cdot \left(e^{at} - e^{bt}\right)$
f) $s(t) = \sigma(t) \cdot \sin(t)$
g) $s(t) = \sigma(t) \cdot \cos(\omega t) \cdot e^{-at}$
h) $s(t) = \sigma(t) \cdot \text{rect}(\frac{t}{2})$

Aufgabe 2

Ermitteln Sie zu $s(t)$ über die Laplace-Transformation die zugehörige Bildfunktion $\underline{S}(p)$ mit Hilfe der Korrespondenztabelle.

a) $s(t) = \sigma(t) \cdot 5 \cdot \sin(2\pi t) \cdot e^{-\frac{R}{L}t}$
b) $s(t) = \sigma(t) \cdot \frac{1}{RC} \cdot t^2 \cdot e^{-\frac{t}{RC}}$
c) $s(t) = \frac{\cosh(\frac{t}{\tau})}{a}$

Aufgabe 3

Gegeben ist die Übertragungsfunktion $\underline{H}(p) = \frac{1}{1+p \cdot RC}$

a) Zeichnen Sie das Pol-Nullstellen-Diagramm (PN-Diagramm).
b) Skizzieren Sie den Frequenzgang von $\underline{H}(p)$.
c) Geben Sie an, welche Schaltung diese Übertragungsfunktion realisieren könnte.
d) Berechnen und skizzieren Sie die Systemreaktion auf das Eingangssignal
   $s(t) = \sigma(t) \cdot e^{-\frac{t}{RC}}$

Aufgabe 4

Gegeben ist die Übertragungsfunktion $\underline{H}(p) = \frac{2p+2}{p^2+2p+2}$

a) Zeichnen Sie das PN-Diagramm.
b) Berechnen und skizzieren Sie die Impulsantwort $h(t)$ des Systems.

Aufgabe 5

Gegeben ist die Übertragungsfunktion $\underline{H}(p) = \frac{2}{p^3+4p}$

a) Zeichnen Sie das PN-Diagramm.
b) Berechnen und skizzieren Sie die Impulsantwort $h(t)$ des Systems.

Aufgabe 6

Transformieren Sie die folgenden Übertragungsfunktionen zurück in den Zeitbereich.

a) $\underline{H}(p) = \frac{p}{2p^2+12p+18}$
b) $\underline{H}(p) = \frac{1}{p-4p^{-1}}$
c) $\underline{H}(p) = \frac{1}{\frac{1}{2}p^3-3p^2+6p-4}$

In den folgenden Aufgaben wird das in Kap. 7 vorgestelle Standard-Lösungsverfahren geübt:

Aufgabe 7

Gegeben ist die folgende Schaltung mit der Spule L, dem Serienwiderstand der Spule R_S und dem Widerstand R. Für $t < 0$ ist $u_e(t) = 0$ und alle Energiespeicher der Schaltung sind leer:

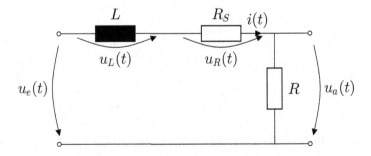

a) Stellen Sie die Elementgleichungen sowie die Maschen- und Knotenpunktgleichungen entsprechend den Kirchhoffschen Regeln für diese Schaltung auf und transformieren Sie diese mit der Laplace-Transformation unmittelbar in den Frequenzbereich.
b) Setzen Sie nun die Anfangsbedingung ein. Wie groß ist $i(t)$ zum Zeitpunkt $t = +0$? Bedenken Sie, dass der Strom an Induktivitäten stetig verläuft.

c) Lösen Sie das Gleichungssystem auf nach $\underline{H}(p) = \dfrac{\underline{U}_a(p)}{\underline{U}_e(p)}$.

d) Berechnen Sie nun die Null- und Polstellen der Übertragungsfunktion $\underline{H}(p)$.

e) Skizzieren Sie die Null- und Polstellen qualitativ. Markieren Sie Nullstellen mit „0" und Polstellen mit „x".

f) Ist das System stabil? Begründen Sie Ihre Aussage.

g) Als Eingangssignal dient ein Rechteckimpuls:

$$u_e(t) = U_0 \cdot \mathrm{rect}\left(\frac{t - \dfrac{T_i}{2}}{T_i}\right)$$

Transformieren Sie $u_e(t)$ in den Bildbereich.

h) Berechnen Sie $\underline{U}_a(p)$ im Bildbereich.

i) Berechnen Sie $u_a(t)$, indem Sie $\underline{U}_a(p)$ zurück in den Zeitbereich transformieren. Nutzen Sie hierfür die Korrespondenztabelle.

j) Zeichnen Sie das Ausgangssignal $u_a(t)$ qualitativ.

Aufgabe 8

Gegeben ist die folgende Schaltung mit dem Kondensator C und dem Widerstand R. Für $t < 0$ ist $u_e(t) = 0$ und alle Energiespeicher der Schaltung sind leer:

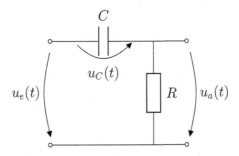

a) Stellen Sie die Elementgleichungen sowie die Maschen- und Knotenpunktgleichungen entsprechend den Kirchhoffschen Regeln für diese Schaltung auf und transformieren Sie diese mit der Laplace-Transformation unmittelbar in den Frequenzbereich.

b) Setzen Sie nun die Anfangsbedingung ein. Wie groß ist $u_C(t)$ zum Zeitpunkt $t = +0$? Bedenken Sie, dass die Spannung an Kapazitäten stetig verläuft.

c) Lösen Sie das Gleichungssystem auf nach $\underline{H}(p) = \dfrac{\underline{U}_a(p)}{\underline{U}_e(p)}$.

d) Berechnen Sie nun die Null- und Polstellen der Übertragungsfunktion $\underline{H}(p)$.

e) Skizzieren Sie die Null- und Polstellen qualitativ. Markieren Sie Nullstellen mit „0"
und Polstellen mit „x".

f) Ist das System stabil? Begründen Sie Ihre Aussage.

g) Als Eingangssignal dient ein Treppenimpuls:

$$u_e(t) = \frac{U_0}{2} \cdot \left[\mathrm{rect}\left(\frac{t - \frac{T_i}{2}}{T_i} \right) + \mathrm{rect}\left(\frac{t - \frac{T_i}{4}}{\frac{T_i}{2}} \right) \right]$$

Skizzieren Sie das Eingangssignal $u_e(t)$ und transformieren Sie es in den Bildbereich.

h) Berechnen Sie $\underline{U}_a(p)$ im Bildbereich.

i) Berechnen Sie $u_a(t)$, indem Sie $\underline{U}_a(p)$ zurück in den Zeitbereich transformieren. Nutzen
Sie hierfür die Korrespondenztabelle.

j) Zeichnen Sie das Ausgangssignal $u_a(t)$ qualitativ.

Aufgabe 9

Gegeben ist die folgende Schaltung mit der Spule L, dem Widerstand R und dem
Kondensator C. Für $t < 0$ ist $u_e(t) = 0$ und alle Energiespeicher der Schaltung sind
leer:

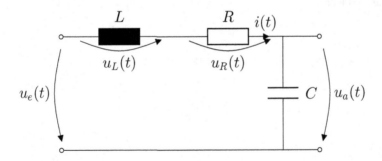

a) Stellen Sie die Elementgleichungen sowie die Maschen- und Knotenpunktgleichungen
entsprechend den Kirchhoffschen Regeln für diese Schaltung auf und transformieren
Sie diese mit der Laplace-Transformation unmittelbar in den Frequenzbereich.

b) Setzen Sie nun die Anfangsbedingung ein. Wie groß sind $i(t)$ und $u_a(t)$ zum Zeitpunkt
$t = +0$? Bedenken Sie, dass der Strom an Induktivitäten und die Spannung an
Kapazitäten stetig verläuft.

c) Lösen Sie das Gleichungssystem auf nach $\underline{H}(p) = \dfrac{\underline{U}_a(p)}{\underline{U}_e(p)}$.

d) Berechnen Sie nun die Null- und Polstellen der Übertragungsfunktion $\underline{H}(p)$.

e) Skizzieren Sie die Null- und Polstellen qualitativ. Markieren Sie Nullstellen mit „0"
   und Polstellen mit „x".

f) Ist das System stabil? Begründen Sie Ihre Aussage.

g) Als Eingangssignal dient die Sprungfunktion:

$$u_e(t) = U_0 \cdot \sigma(t)$$

   Transformieren Sie das Eingangssignal $u_e(t)$ durch Integration in den Bildbereich.

h) Berechnen Sie $\underline{U}_a(p)$ im Bildbereich.

i) Berechnen Sie $u_a(t)$, indem Sie $\underline{U}_a(p)$ zurück in den Zeitbereich transformieren. Nutzen
   Sie hierfür die Korrespondenztabelle. Substituieren Sie außerdem:

$$\delta := \frac{R}{2L} \quad \text{und} \quad \omega_0 := \sqrt{\frac{1}{LC} - \delta^2}$$

j) Zeichnen Sie das Ausgangssignal $u_a(t)$ qualitativ.

Aufgabe 10

Gegeben ist die folgende Schaltung mit dem Widerstand R, dem Serienwiderstand der
Spule R_S und der Induktivität L. Für $t < 0$ ist $u_e(t) = 0$ und alle Energiespeicher der
Schaltung sind leer:

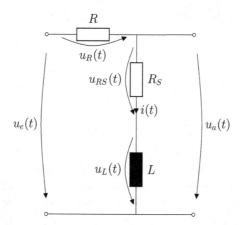

a) Stellen Sie die Elementgleichungen sowie die Maschen- und Knotenpunktgleichungen
   entsprechend den Kirchhoffschen Regeln für diese Schaltung auf und transformieren
   Sie diese mit der Laplace-Transformation unmittelbar in den Frequenzbereich.

b) Setzen Sie nun die Anfangsbedingung ein. Wie groß ist $i(t)$ zum Zeitpunkt $t = +0$? Bedenken Sie, dass der Strom an Induktivitäten stetig verläuft.

c) Lösen Sie das Gleichungssystem auf nach $\underline{H}(p) = \dfrac{\underline{U}_a(p)}{\underline{U}_e(p)}$.

d) Berechnen Sie nun die Null- und Polstellen der Übertragungsfunktion $\underline{H}(p)$.

e) Skizzieren Sie die Null- und Polstellen qualitativ. Markieren Sie Nullstellen mit „0" und Polstellen mit „x".

f) Ist das System stabil? Begründen Sie Ihre Aussage.

g) Als Eingangssignal dient eine Sinusfunktion:

$$u_e(t) = U_0 \cdot \sigma(t) \cdot \sin(2\pi f_0 t)$$

Transformieren Sie das Eingangssignal $u_e(t)$ in den Bildbereich. Lösen Sie dafür das Laplace-Integral.

h) Berechnen Sie $\underline{U}_a(p)$ im Bildbereich und führen Sie eine Partialbruchzerlegung durch.

i) Berechnen Sie $u_a(t)$, indem Sie $\underline{U}_a(p)$ zurück in den Zeitbereich transformieren. Nutzen Sie hierfür die Korrespondenztabelle.

j) Zeichnen Sie das Ausgangssignal $u_a(t)$ qualitativ.

Aufgabe 11

Gegeben ist die folgende Schaltung mit den Widerständen $R_1 = R_2 = R$ und den Kapazitäten $C_1 = C_2 = C$. Für $t < 0$ ist $u_e(t) = 0$ und alle Energiespeicher der Schaltung sind leer:

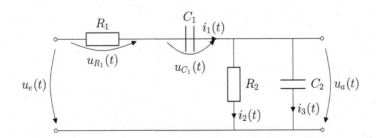

a) Stellen Sie die Elementgleichungen sowie die Maschen- und Knotenpunktgleichungen entsprechend den Kirchhoffschen Regeln für diese Schaltung auf und transformieren Sie diese mit der Laplace-Transformation unmittelbar in den Frequenzbereich.

b) Setzen Sie nun die Anfangsbedingungen ein. Wie groß sind $u_{C_1}(t)$ und $u_a(t)$ zum Zeitpunkt $t = +0$? Bedenken Sie, dass die Spannung an Kapazitäten stetig verläuft.

c) Lösen Sie das Gleichungssystem auf nach $\underline{H}(p) = \dfrac{\underline{U}_a(p)}{\underline{U}_e(p)}$.

d) Berechnen Sie nun die Null- und Polstellen der Übertragungsfunktion $\underline{H}(p)$.

e) Skizzieren Sie die Null- und Polstellen qualitativ. Markieren Sie Nullstellen mit „0" und Polstellen mit „x".

f) Ist das System stabil? Begründen Sie Ihre Aussage.

g) Als Eingangssignal dient eine Sprungfunktion:

$$u_e(t) = U_0 \cdot \sigma(t)$$

Transformieren Sie das Eingangssignal $u_e(t)$ in den Bildbereich.

h) Berechnen Sie $\underline{U}_a(p)$ im Bildbereich.

i) Berechnen Sie $u_a(t)$, indem Sie $\underline{U}_a(p)$ zurück in den Zeitbereich transformieren. Nutzen Sie hierfür die Korrespondenztabelle.

j) Zeichnen Sie das Ausgangssignal $u_a(t)$ qualitativ.

7.2   Musterlösungen

Lösung zur Aufgabe 1

a)

$$s(t) = \delta(t)$$

$$\underline{S}(p) = \int\limits_0^\infty s(t) \cdot \mathrm{e}^{-pt}\, \mathrm{d}t$$

$$\underline{S}(p) = \int\limits_0^\infty \delta(t) \cdot \mathrm{e}^{-pt}\, \mathrm{d}t$$

$$\underline{S}(p) = \mathrm{e}^{-p0}$$

$$\underline{S}(p) = \underline{1}$$

b)

$$s(t) = \delta(t-1)$$

$$\circ\!\!-\!\!\!-\!\!\bullet$$

$$\underline{S}(p) = \int\limits_0^{\infty} s(t) \cdot \mathrm{e}^{-pt}\ \mathrm{d}t$$

$$\underline{S}(p) = \int\limits_0^{\infty} \delta(t-1) \cdot \mathrm{e}^{-pt}\ \mathrm{d}t$$

$$\underline{S}(p) = \underline{\underline{\mathrm{e}^{-p}}}$$

c)

$$s(t) = \sigma(t) \cdot \mathrm{e}^{at}$$

$$\circ\!\!-\!\!\!-\!\!\bullet$$

$$\underline{S}(p) = \int\limits_0^{\infty} s(t) \cdot \mathrm{e}^{-pt}\ \mathrm{d}t$$

$$\begin{aligned}
\underline{S}(p) &= \int\limits_0^{\infty} \mathrm{e}^{at} \cdot \mathrm{e}^{-pt}\ \mathrm{d}t \\
&= \int\limits_0^{\infty} \mathrm{e}^{at-pt}\ \mathrm{d}t \\
&= \int\limits_0^{\infty} \mathrm{e}^{-t(p-a)}\ \mathrm{d}t \\
&= \frac{1}{a-p}\left[\mathrm{e}^{-t(p-a)}\right]_0^{\infty} \\
&= \frac{1}{a-p}\,[0-1] \\
&= \underline{\underline{\frac{1}{p-a}}}
\end{aligned}$$

d)

$$s(t) = \sigma(t) \cdot e^{-\frac{t}{RC}}$$

$$\underline{S}(p) = \int\limits_0^\infty s(t) \cdot e^{-pt}\, dt \qquad \text{mit} \quad a = -\frac{1}{RC} \quad \text{in Aufgabe c)}$$

$$\underline{S}(p) = \frac{1}{\underline{p + \frac{1}{RC}}}$$

e)

$$s(t) = \sigma(t) \cdot \left(e^{at} - e^{bt}\right)$$

$$\underline{S}(p) = \int\limits_0^\infty s(t) \cdot e^{-pt}\, dt$$

$$\underline{S}(p) = \int\limits_0^\infty e^{at} \cdot e^{-pt}\, dt - \int\limits_0^\infty e^{bt} \cdot e^{-pt}\, dt \qquad \text{vgl. Aufgabe c)}$$

$$= \frac{1}{p - a} - \frac{1}{p - b}$$

$$= \frac{p - b - p + a}{(p - a)(p - b)}$$

$$= \frac{a - b}{\underline{(p - a)(p - b)}}$$

f)

$$s(t) = \sigma(t) \cdot \sin(t)$$

$$\underline{S}(p) = \int\limits_0^\infty s(t) \cdot \mathrm{e}^{-pt}\ \mathrm{d}t$$

$$\underline{S}(p) = \int\limits_0^\infty \frac{1}{2\mathrm{j}}(\mathrm{e}^{\mathrm{j}t} - \mathrm{e}^{-\mathrm{j}t}) \cdot \mathrm{e}^{-pt}\ \mathrm{d}t$$

$$= \frac{1}{2\mathrm{j}} \int\limits_0^\infty \mathrm{e}^{-t(p-\mathrm{j})}\ \mathrm{d}t - \frac{1}{2\mathrm{j}} \int\limits_0^\infty \mathrm{e}^{-t(p+\mathrm{j})}\ \mathrm{d}t$$

$$= \frac{1}{2\mathrm{j}} \cdot \frac{1}{-p+\mathrm{j}} \cdot \left[\mathrm{e}^{-t(p-\mathrm{j})}\right]_0^\infty - \frac{1}{2\mathrm{j}} \cdot \frac{1}{-p-\mathrm{j}} \cdot \left[\mathrm{e}^{-t(p+\mathrm{j})}\right]_0^\infty$$

$$= \frac{1}{2\mathrm{j}} \cdot \frac{1}{-p+\mathrm{j}} \cdot (-1) - \frac{1}{2\mathrm{j}} \cdot \frac{1}{-p-\mathrm{j}}(-1)$$

$$= -\frac{1}{2\mathrm{j}} \cdot \left[\frac{1}{\mathrm{j}-p} + \frac{1}{\mathrm{j}+p}\right]$$

$$= -\frac{1}{2\mathrm{j}} \cdot \left[\frac{1}{p+\mathrm{j}} - \frac{1}{p-\mathrm{j}}\right]$$

$$= -\frac{1}{2\mathrm{j}} \cdot \left[\frac{p-\mathrm{j}}{p^2+1} - \frac{p+\mathrm{j}}{p^2+1}\right]$$

$$= -\frac{1}{2\mathrm{j}} \cdot \left[\frac{-2\mathrm{j}}{p^2+1}\right]$$

$$= \underline{\underline{\frac{1}{p^2+1}}}$$

g)

$$s(t) = \sigma(t) \cdot \cos(\omega t) \cdot e^{-at}$$

$$\underline{S}(p) = \int_0^\infty s(t) \cdot e^{-pt} \, dt$$

$$\underline{S}(p) = \int_0^\infty \frac{1}{2} \left(e^{j\omega t} + e^{-j\omega t} \right) \cdot e^{-at} \cdot e^{-pt} \, dt$$

$$= \frac{1}{2} \cdot \int_0^\infty e^{-t(a+p-j\omega)} \, dt + \frac{1}{2} \cdot \int_0^\infty e^{-t(a+p+j\omega)} \, dt$$

$$= \frac{1}{2} \cdot \frac{-1}{a+p-j\omega} \cdot (-1) + \frac{1}{2} \cdot \frac{-1}{a+p+j\omega} \cdot (-1)$$

$$= \frac{1}{2} \cdot \frac{1}{a+p-j\omega} \frac{a+p+j\omega}{a+p+j\omega} + \frac{1}{2} \cdot \frac{1}{a+p+j\omega} \frac{a+p-j\omega}{a+p-j\omega}$$

$$= \frac{1}{2} \cdot \frac{a+p+j\omega}{(a+p)^2 + \omega^2} + \frac{1}{2} \cdot \frac{a+p-j\omega}{(a+p)^2 + \omega^2}$$

$$= \frac{1}{2} \cdot \frac{2a+2p}{a^2 + 2ap + p^2 + \omega^2}$$

$$= \underline{\underline{\frac{a+p}{a^2 + 2ap + p^2 + \omega^2}}}$$

h)

$$s(t) = \sigma(t) \cdot \text{rect}(\frac{t}{2})$$

$$\underline{S}(p) = \int_0^\infty s(t) \cdot e^{-pt} \, dt$$

$$\underline{S}(p) = \int_0^\infty \text{rect}(\frac{t}{2}) \cdot e^{-pt} \, dt$$

$$= \int_0^1 e^{-pt} \, dt$$

$$= -\frac{1}{p} \left[e^{-pt} \right]_0^1$$

$$= -\frac{1}{p} \left[e^{-p} - 1 \right]$$

$$= \underline{\underline{\frac{1}{p} \left[1 - e^{-p} \right]}}$$

Lösung zur Aufgabe 2

a) Korrespondenztabelle Nr. 2 g

$$s(t) = \sigma(t) \cdot 5 \cdot \sin(2\pi t) \cdot e^{-\frac{R}{L}t} \quad \circ\!\!-\!\!\bullet \quad \underline{S}(p) = \underline{\underline{\frac{5 \cdot 2\pi}{p^2 + 2 \cdot \frac{R}{L} \cdot p + \left(4\pi^2 + \frac{R^2}{L^2} \right)}}}$$

b) Korrespondenztabelle Nr. 3.0 c

$$s(t) = \sigma(t) \cdot \frac{1}{RC} \cdot t^2 \cdot e^{-\frac{t}{RC}} \quad \circ\!\!-\!\!\bullet \quad \underline{S}(p) = \underline{\underline{\frac{2}{RC} \cdot \frac{1}{(p + \frac{1}{RC})^3}}}$$

c) Korrespondenztabelle Nr. 2 f

$$s(t) = \frac{\cosh(\frac{t}{T})}{a} \quad \circ\!\!-\!\!\bullet \quad \underline{S}(p) = \underline{\underline{\frac{\frac{p}{a}}{p^2 - \frac{1}{T^2}}}}$$

Lösung zur Aufgabe 3

a)

$$\underline{H}(p) = \frac{1}{1 + p \cdot RC}$$

$$= \frac{\frac{1}{RC}}{\frac{1}{RC} + p}$$

$$\Rightarrow p_\infty = -\frac{1}{RC}$$

Pol-Nullstellen-Diagramm:

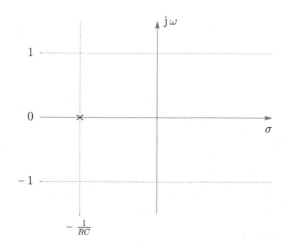

b)

$$|\underline{H}(p)| = \frac{1}{RC} \cdot \frac{1}{|\frac{1}{RC} + j\,\omega|}$$

$$= \frac{1}{RC} \cdot \frac{1}{\sqrt{\frac{1}{R^2 C^2} + \omega^2}}$$

1. Schritt: Funktion in der Wurzel des Nenners zeichnen

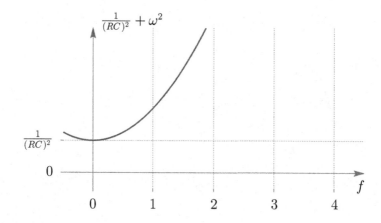

2. Schritt: Nennerfunktion zeichnen

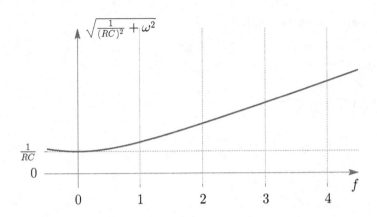

3. Schritt: Gesamtergebnis

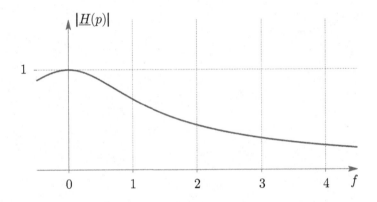

c) Niedrige Frequenzen werden durchgelassen, hohe Frequenzen werden stark gedämpft
   $\Rightarrow$ RC-Tiefpass

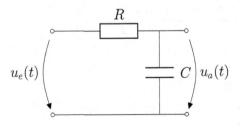

d) $s(t) = \sigma(t) \cdot e^{-\frac{t}{RC}}$

○
|
●   Korrespondenztabelle Nr. 1

$\underline{S}(p) = \dfrac{1}{p + \frac{1}{RC}}$

$\underline{U}_a(p) = \underline{H}(p) \cdot \underline{S}(p)$

$= \dfrac{1}{RC} \cdot \dfrac{1}{p + \frac{1}{RC}} \cdot \dfrac{1}{p + \frac{1}{RC}}$

$= \dfrac{1}{RC} \cdot \dfrac{1}{\left(p + \frac{1}{RC}\right)^2}$

●
|
○   Korrespondenztabelle Nr. 2.0b

$u_a(t) = \dfrac{1}{RC} \cdot t \cdot e^{-\frac{t}{RC}}$

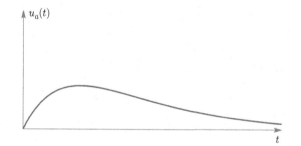

Lösung zur Aufgabe 4

a) $\underline{H}(p) = \dfrac{2p + 2}{p^2 + 2p + 2} = \dfrac{2(p + 1)}{p^2 + 2p + 2}$

$\Rightarrow \underline{p_0} = -1$

$p^2 + 2p + 2 = 0$

$p^2 + 2p + 1 = -2 + 1$

$(p + 1)^2 = -1$

$|p + 1| = j$

$\Rightarrow \quad p_{\infty,1} = -1 + j$

$\underline{p_{\infty,2} = -1 - j}$

PN-Diagramm:

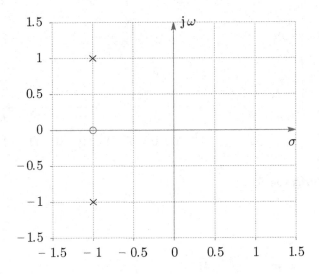

b)

$$\underline{H}(p) = 2 \cdot \frac{p+1}{(p+1-\mathrm{j})(p+1+\mathrm{j})}$$

Partialbruchzerlegung:

$$= 2\left[\frac{A}{p+1-\mathrm{j}} + \frac{A^*}{p+1+\mathrm{j}}\right]$$

$$A = \left.\frac{p+1}{p+1+\mathrm{j}}\right|_{p=-1+\mathrm{j}} = \frac{\cancel{-1}+\mathrm{j}\cancel{+1}}{\cancel{-1}+\mathrm{j}\cancel{+1}+\mathrm{j}} = \frac{\mathrm{j}}{2\mathrm{j}} = \frac{1}{2} = A^*$$

$$\underline{H}(p) = \frac{1}{p+1-\mathrm{j}} + \frac{1}{p+1+\mathrm{j}}$$

Korrespondenztabelle Nr. 1

$$h(t) = \sigma(t) \cdot \left[\mathrm{e}^{(-1+\mathrm{j})t} + \mathrm{e}^{(-1-\mathrm{j})t}\right]$$

$$= \sigma(t) \cdot \mathrm{e}^{-t}\left(\mathrm{e}^{-\mathrm{j}t} + \mathrm{e}^{\mathrm{j}t}\right)$$

$$= \underline{\sigma(t) \cdot \mathrm{e}^{-t} \cdot 2 \cdot \cos(t)}$$

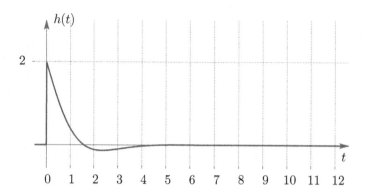

Lösung zur Aufgabe 5

a)

$$\underline{H}(p) = \frac{2}{p^3 + 4p} = \frac{2}{p(p^2 + 4)}$$

$$\Rightarrow p_{\infty,1} = 0$$

$$p^2 + 4 = 0$$
$$p^2 = -4$$
$$|p| = 2\,\mathrm{j}$$
$$\Rightarrow \quad p_{\infty,2} = 2\,\mathrm{j}$$
$$\underline{\underline{p_{\infty,3} = -2\,\mathrm{j}}}$$

PN-Diagramm:

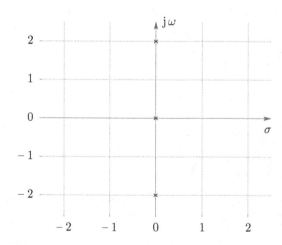

b)

$$\underline{H}(p) = \frac{2}{p(p^2 + 4)}$$

$$= \frac{2}{p(p - 2\,\mathrm{j})(p + 2\,\mathrm{j})}$$

Partialbruchzerlegung:

$$= \frac{A}{p} + \frac{B}{p - 2\,\mathrm{j}} + \frac{B^*}{p + 2\,\mathrm{j}}$$

$$A = \frac{2}{(p - 2\,\mathrm{j})(p + 2\,\mathrm{j})}\bigg|_{p=0} = \frac{2}{-2\,\mathrm{j} \cdot 2\,\mathrm{j}} = \frac{1}{2}$$

$$B = \frac{2}{p(p + 2\,\mathrm{j})}\bigg|_{p=+2\,\mathrm{j}} = \frac{2}{2\,\mathrm{j}(4\,\mathrm{j})} = -\frac{1}{4} = B^*$$

$$\underline{H}(p) = \frac{\frac{1}{2}}{p} - \frac{\frac{1}{4}}{p - 2\,\mathrm{j}} - \frac{\frac{1}{4}}{p + 2\,\mathrm{j}}$$

Korrespondenztabelle Nr. 1

$$h(t) = \left(\frac{1}{2} \cdot 1 - \frac{1}{4} \cdot \mathrm{e}^{2\,\mathrm{j}\,t} - \frac{1}{4}\,\mathrm{e}^{-2\,\mathrm{j}\,t}\right) \cdot \sigma(t)$$

$$= \sigma(t) \cdot \left(\frac{1}{2} - \frac{1}{4}\cos(2t) \cdot 2\right)$$

$$= \sigma(t) \cdot \frac{1 - \cos(2t)}{2}$$

$$= \underline{\underline{\sigma(t) \cdot \sin^2(t)}}$$

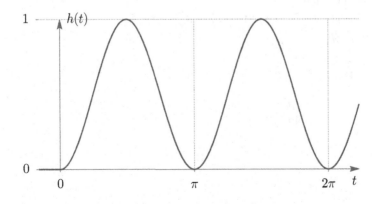

Lösung zur Aufgabe 6

a)

$$\underline{H}(p) = \frac{p}{2p^2 + 12p + 18}$$

$$= \frac{1}{2} \cdot \frac{p}{p^2 + 2 \cdot 3p + 3^2}$$

$$= \frac{1}{2} \frac{p}{(p+3)^2}$$

Korrespondenztabelle Nr. 2.1b

$$h(t) = \frac{1}{2} \cdot (1 - 3t) \cdot e^{-3t} \cdot \sigma(t)$$

b)

$$\underline{H}(p) = \frac{1}{p - 4p^{-1}} = \frac{p}{p^2 - 2^2}$$

Korrespondenztabelle Nr. 2f

$$h(t) = \underline{\cosh(2t) \cdot \sigma(t)}$$

c)

$$\underline{H}(p) = \frac{1}{\frac{1}{2}p^3 - 3p^2 + 6p - 4}$$

$$= \frac{2}{p^3 - 6p^2 + 12p - 8}$$

$$p^3 - 6p^2 + 12p - 8 = 0 \qquad \text{Erste Nullstelle durch probieren: } \not{0}, \not{1}, 2$$

Polynomdivision:

$$\begin{array}{l} (\quad p^3 - 6p^2 + 12p - 8) : (p - 2) = p^2 - 4p + 4 \\ \underline{-p^3 + 2p^2} \\ \qquad -4p^2 + 12p \\ \qquad \underline{4p^2 \;- 8p} \\ \qquad\qquad 4p - 8 \\ \qquad\qquad \underline{-4p + 8} \\ \qquad\qquad\qquad 0 \end{array}$$

$$\underline{H}(p) = \frac{2}{(p-2)(p^2 - 4p + 4)}$$

$$= \frac{2}{(p-2)(p-2)^2}$$

$$= \frac{2}{(p-2)^3}$$

Korrespondenztabelle Nr. 3.0c

$$h(t) = \sigma(t) \cdot \frac{1}{2} \cdot 2 \cdot t^2 \cdot e^{2t}$$

$$= \underline{\underline{\sigma(t) \cdot t^2 \cdot e^{2t}}}$$

Lösung zur Aufgabe 7

Schritt 1 des Lösungsverfahrens „Schaltung mit Zählpfeilen versehen" ist bereits in der Angabe enthalten:

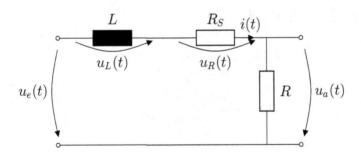

a) In dieser Teilaufgabe werden die Schritte 2 „Elementgleichungen und Maschen- und Knotenpunktgleichungen entsprechend den Kirchhoffschen Regeln aufstellen" und 3 „Gleichungssystem in den Bildbereich transformieren" unmittelbar hintereinander durchgeführt.

Elementgleichungen:

$$u_a(t) = R \cdot i(t) \qquad \circ\!\!-\!\!\bullet \qquad \underline{U}_a(p) = R \cdot \underline{I}(p)$$

$$u_R(t) = R_S \cdot i(t) \qquad \circ\!\!-\!\!\bullet \qquad \underline{U}_R(p) = R_S \cdot \underline{I}(p)$$

$$u_L(t) = L \cdot \frac{di(t)}{dt} \qquad \circ\!\!-\!\!\bullet \qquad \underline{U}_L(p) = L\left(p \cdot \underline{I}(p) - i(t = +0)\right)$$

Maschen- und Knotenpunktgleichungen entsprechend den Kirchhoffschen Regeln:

$$u_a(t) = u_e(t) - u_L(t) - u_R(t) \qquad \circ\!\!-\!\!\bullet \qquad \underline{U}_a(p) = \underline{U}_e(p) - \underline{U}_L(p) - \underline{U}_R(p)$$

b) Schritt 4 des Lösungsverfahrens: „Anfangsbedingungen einsetzen":

$$i(t = +0) = 0$$

$$\Rightarrow \underline{U}_L(p) = L\,(p \cdot \underline{I}(p) - i(t = +0)) = \underline{\underline{pL \cdot \underline{I}(p)}}$$

c)

$$\underline{U}_a(p) = \underline{U}_e(p) - \underline{U}_L(p) - \underline{U}_R(p)$$

$$= \underline{U}_e(p) - pL \cdot \underline{I}(p) - R_S \cdot \underline{I}(p)$$

$$= \underline{U}_e(p) - \underline{I}(p) \cdot (pL + R_S)$$

$$= \underline{U}_e(p) - \underline{U}_a(p) \cdot \frac{1}{R} \cdot (pL + R_S)$$

$$\underline{U}_a(p) \cdot \left(1 + p\frac{L}{R} + \frac{R_S}{R}\right) = \underline{U}_e(p)$$

$$\frac{\underline{U}_a(p)}{\underline{U}_e(p)} = \frac{1}{p\dfrac{L}{R} + \dfrac{R_S}{R} + 1}$$

$$\underline{H}(p) = \underline{\underline{\frac{R}{L} \cdot \frac{1}{p + \dfrac{R_S + R}{L}}}}$$

d)

$$\underline{H}(p) = \frac{R}{L} \cdot \frac{1}{p + \dfrac{R_S + R}{L}}$$

Polstellen:

$$p_\infty = \underline{\underline{-\frac{R_S + R}{L}}}$$

Nullstellen: $\underline{\underline{\text{keine}}}$

e) PN-Diagramm:

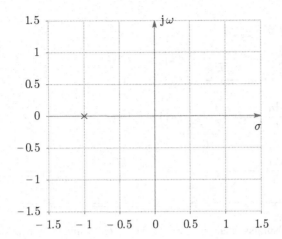

f) Das System ist stabil, da sich alle Polstellen in der linken Halbebene befinden.

$$\Re\{p_\infty\} = -\frac{R_S + R}{L} \leq 0$$

g) Schritt 5 des Lösungsverfahrens: „Bildfunktion des Eingangssignals berechnen":

$$\underline{u}_e(p) = \int_0^\infty u_e(t) \cdot e^{-pt}\,dt$$

$$= U_0 \int_0^{T_i} e^{-pt}\,dt$$

$$= \frac{U_0}{-p}\left[e^{-pt}\right]_0^{T_i}$$

$$= -\frac{U_0}{p}\left[e^{-pT_i} - 1\right]$$

$$= \underline{\underline{\frac{U_0}{p}\left[1 - e^{-pT_i}\right]}}$$

h) Schritt 6 des Lösungsverfahrens: „Gleichungssystem auflösen nach der Bildfunktion der gesuchten Größe":

$$\underline{U}_a(p) = \underline{H}(p) \cdot \underline{U}_e(p)$$

$$= \frac{R}{L} \cdot \frac{1}{p + \dfrac{R_S + R}{L}} \cdot \frac{U_0}{p} \left[1 - e^{-pT_i}\right]$$

$$= \frac{RU_0}{L} \cdot \frac{1}{p^2 + \dfrac{R_S + R}{L}p} \cdot \left[1 - e^{-pT_i}\right]$$

$$= \underline{\underline{\frac{RU_0}{L} \cdot \frac{1}{p^2 + \dfrac{R_S + R}{L}p} - e^{-pT_i} \cdot \frac{RU_0}{L} \cdot \frac{1}{p^2 + \dfrac{R_S + R}{L}p}}}$$

i) Schritt 7 des Lösungsverfahrens: „Zeitfunktion der gesuchten Größe ermitteln":

$$\underline{U}_a(p) = \frac{RU_0}{L} \cdot \frac{1}{(p-0) \cdot \left(p + \dfrac{R_S + R}{L}\right)} - e^{-pT_i} \cdot \frac{RU_0}{L} \cdot \frac{1}{(p-0) \cdot \left(p + \dfrac{R_S + R}{L}\right)}$$

⟜ Korrespondenz Nr. 2.0a und Verschiebungssatz

$$u_a(t) = \sigma(t) \cdot \frac{RU_0}{L} \cdot \frac{e^{-\frac{R_S+R}{L}t} - 1}{-\dfrac{R_S + R}{L}} - \sigma(t - T_i) \cdot \frac{RU_0}{L} \cdot \frac{e^{-\frac{R_S+R}{L}(t-T_i)} - 1}{-\dfrac{R_S + R}{L}}$$

$$u_a(t) = \sigma(t) \cdot RU_0 \cdot \frac{e^{-\frac{R_S+R}{L}t} - 1}{-R_S - R} - \sigma(t - T_i) \cdot RU_0 \cdot \frac{e^{-\frac{R_S+R}{L}(t-T_i)} - 1}{-R_S - R}$$

$$\underline{\underline{u_a(t) = \frac{RU_0}{R_S + R} \left[\sigma(t - T_i) \cdot \left(e^{-\frac{R_S+R}{L}(t-T_i)} - 1\right) - \sigma(t) \cdot \left(e^{-\frac{R_S+R}{L}t} - 1\right)\right]}}$$

j) Ausgangssignal:

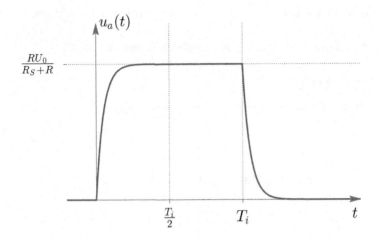

Lösung zur Aufgabe 8

Schritt 1 des Lösungsverfahrens „Schaltung mit Zählpfeilen versehen" ist bereits in der Angabe enthalten:

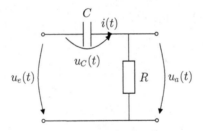

a) In dieser Teilaufgabe werden die Schritte 2 „Elementgleichungen und Maschen- und Knotenpunktgleichungen entsprechend den Kirchhoffschen Regeln aufstellen" und 3 „Gleichungssystem in den Bildbereich transformieren" unmittelbar hintereinander durchgeführt.

Elementgleichungen:

$$u_a(t) = R \cdot i(t) \qquad\qquad \circ\!\!-\!\!\bullet \qquad \underline{U}_a(p) = R \cdot \underline{I}(p)$$

$$i(t) = C \cdot \frac{du_c(t)}{dt} \qquad\qquad \circ\!\!-\!\!\bullet \qquad \underline{I}(p) = C \cdot \left[p \cdot \underline{U}_c(p) - u_c(t = +0) \right]$$

Maschen- und Knotenpunktgleichungen entsprechend den Kirchhoffschen Regeln:

$$u_a(t) = u_e(t) - u_c(t) \qquad \circ\!\!-\!\!\bullet \qquad \underline{U}_a(p) = \underline{U}_e(p) - \underline{U}_c(p)$$

b) Schritt 4 des Lösungsverfahrens: „Anfangsbedingungen einsetzen":

$$u_c(t = +0) = 0$$
$$\Rightarrow \underline{I}(p) = C \cdot \left[p \cdot \underline{U}_c(p) - u_c(t = +0) \right] = \underline{\underline{pC \cdot \underline{U}_c(p)}}$$

c)

$$\underline{U}_a(p) = \underline{U}_e(p) - \underline{U}_c(p)$$
$$= \underline{U}_e(p) - \frac{1}{pC} \cdot \underline{I}(p)$$
$$= \underline{U}_e(p) - \frac{1}{pC} \cdot \frac{1}{R} \cdot \underline{U}_a(p)$$
$$= \underline{U}_e(p) - \underline{U}_a(p) \cdot \frac{1}{pRC}$$
$$\underline{U}_a(p) \cdot \left(1 + \frac{1}{pRC} \right) = \underline{U}_e(p)$$
$$\frac{\underline{U}_a(p)}{\underline{U}_e(p)} = \frac{1}{1 + \frac{1}{pRC}}$$
$$=> \underline{H}(p) = \frac{p}{p + \frac{1}{RC}}$$

d)

$$\underline{H}(p) = \frac{p}{p - \left(-\frac{1}{RC} \right)}$$

Polstellen:

$$p_\infty = \underline{\underline{-\frac{1}{RC}}}$$

Nullstellen:

$$p_0 = \underline{\underline{0}}$$

e) PN-Diagramm:

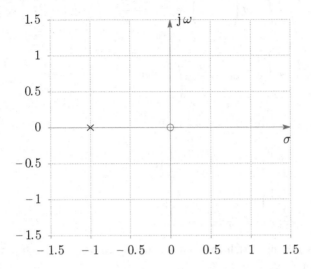

f) Das System ist stabil, da sich alle Polstellen in der linken Halbebene befinden.

$$\Re\{p_\infty\} = -\frac{1}{RC} \leq 0$$

g) Eingangssignal:

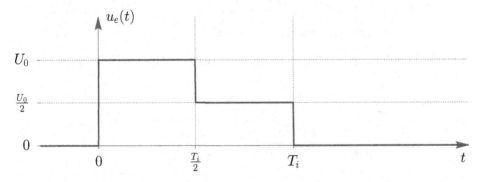

Schritt 5 des Lösungsverfahrens: „Bildfunktion des Eingangssignals berechnen":

$$\underline{U}_e(p) = \int\limits_0^\infty u_e(t) \cdot e^{-pt}\, dt$$

$$= \int\limits_0^\infty \frac{U_0}{2} \cdot \left[rect\left(\frac{t - \frac{T_i}{2}}{T_i} \right) + rect\left(\frac{t - \frac{T_i}{4}}{\frac{T_i}{2}} \right) \right] \cdot e^{-pt}\, dt$$

$$= \frac{U_0}{2} \cdot \int\limits_0^\infty rect\left(\frac{t - \frac{T_i}{2}}{T_i}\right) \cdot \mathrm{e}^{-pt}\, \mathrm{d}t + \frac{U_0}{2} \cdot \int\limits_0^\infty rect\left(\frac{t - \frac{T_i}{4}}{\frac{T_i}{2}}\right) \cdot \mathrm{e}^{-pt}\, \mathrm{d}t$$

$$= \frac{U_0}{2} \cdot \int\limits_0^{T_i} \mathrm{e}^{-pt}\, \mathrm{d}t + \frac{U_0}{2} \cdot \int\limits_0^{\frac{T_i}{2}} \mathrm{e}^{-pt}\, \mathrm{d}t$$

$$= -\frac{U_0}{2}\frac{1}{p}\left[\mathrm{e}^{-pt}\right]_0^{T_i} - \frac{U_0}{2}\frac{1}{p}\left[\mathrm{e}^{-pt}\right]_0^{\frac{T_i}{2}}$$

$$= -\frac{U_0}{2}\frac{1}{p}\left[\mathrm{e}^{-pT_i} - 1\right] - \frac{U_0}{2}\frac{1}{p}\left[\mathrm{e}^{-p\frac{T_i}{2}} - 1\right]$$

$$= \underline{\underline{\frac{U_0}{2}\frac{1}{p}\left[2 - \mathrm{e}^{-pT_i} - \mathrm{e}^{-p\frac{T_i}{2}}\right]}}$$

h) Schritt 6 des Lösungsverfahrens: „Gleichungssystem auflösen nach der Bildfunktion der gesuchten Größe":

$$\underline{U}_a(p) = \underline{U}_e(p) \cdot \underline{H}(p)$$

$$= \frac{U_0}{2}\frac{1}{p}\left[2 - \mathrm{e}^{-pT_i} - \mathrm{e}^{-p\frac{T_i}{2}}\right] \cdot \frac{p}{p + \frac{1}{RC}}$$

$$= \underline{\underline{\frac{U_0}{2}\left[2 - \mathrm{e}^{-pT_i} - \mathrm{e}^{-p\frac{T_i}{2}}\right] \cdot \frac{1}{p + \frac{1}{RC}}}}$$

i) Schritt 7 des Lösungsverfahrens: „Zeitfunktion der gesuchten Größe ermitteln":

$$\underline{U}_a(p) = \frac{U_0}{2}\left[2 - \mathrm{e}^{pT_i} - \mathrm{e}^{-p\frac{T_i}{2}}\right] \cdot \frac{1}{p + \frac{1}{RC}}$$

$$= U_0\frac{1}{p + \frac{1}{RC}} - \frac{U_0}{2}\frac{1}{p + \frac{1}{RC}}\mathrm{e}^{-pT_i} - \frac{U_0}{2}\frac{1}{p + \frac{1}{RC}}\mathrm{e}^{pT_i}$$

$$\left.\begin{array}{c}\bullet\\|\\\circ\end{array}\right.\ \text{Korrespondenz Nr. 1 und Verschiebungssatz}$$

$$u_a(t) = \sigma(t) \cdot U_0 \cdot \mathrm{e}^{-\frac{1}{RC}t} - \sigma(t - T_i) \cdot \frac{U_0}{2} \cdot \mathrm{e}^{-\frac{1}{RC}(t - T_i)} - \sigma(t - \frac{T_i}{2}) \cdot \frac{U_0}{2} \cdot \mathrm{e}^{-\frac{1}{RC}(t - \frac{T_i}{2})}$$

$$= U_0 \cdot \left[\sigma(t) \cdot \mathrm{e}^{-\frac{1}{RC}t} - \sigma(t - T_i) \cdot \frac{1}{2} \cdot \mathrm{e}^{-\frac{1}{RC}(t - T_i)} - \sigma(t - \frac{T_i}{2}) \cdot \frac{1}{2} \cdot \mathrm{e}^{-\frac{1}{RC}(t - \frac{T_i}{2})}\right]$$

j) Ausgangssignal:

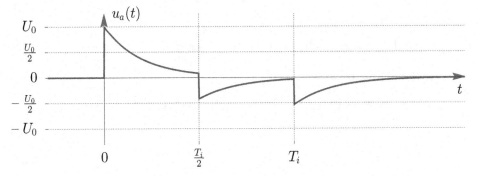

Lösung zur Aufgabe 9

Schritt 1 des Lösungsverfahrens „Schaltung mit Zählpfeilen versehen" ist bereits in der Angabe enthalten:

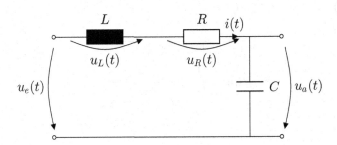

a) In dieser Teilaufgabe werden die Schritte 2 „Elementgleichungen und Maschen- und Knotenpunktgleichungen entsprechend den Kirchhoffschen Regeln aufstellen" und „Gleichungssystem in den Bildbereich transformieren" unmittelbar hintereinander durchgeführt.

Elementgleichungen:

$$i(t) = C \cdot \frac{du_a(t)}{dt} \qquad \circ\!\!-\!\!\bullet \qquad \underline{I}(p) = C \cdot \big(p \cdot \underline{U}_a(p) - u_a(t = +0)\big)$$

$$u_R(t) = R \cdot i(t) \qquad \circ\!\!-\!\!\bullet \qquad \underline{U}_R(p) = R \cdot \underline{I}(p)$$

$$u_L(t) = L \cdot \frac{di(t)}{dt} \qquad \circ\!\!-\!\!\bullet \qquad \underline{U}_L(p) = L \cdot \big(p \cdot \underline{I}(p) - i(t = +0)\big)$$

Maschen- und Knotenpunktgleichungen entsprechend den Kirchhoffschen Regeln:

$$u_a(t) = u_e(t) - u_L(t) - u_R(t) \qquad \circ\!\!-\!\!\bullet \qquad \underline{U}_a(p) = \underline{U}_e(p) - \underline{U}_L(p) - \underline{U}_R(p)$$

b) Schritt 4 des Lösungsverfahrens: „Anfangsbedingungen einsetzen":

$$i(t = +0) = 0$$

$$\Rightarrow \underline{U}_L(p) = L \cdot (p \cdot \underline{I}(p) - i\,(t = +0)) = \underline{\underline{pL \cdot \underline{I}(p)}}$$

$$u_a(t = +0) = 0$$

$$\Rightarrow \underline{I}(p) = C \cdot \left(p \cdot \underline{U}_a(p) - u_a\,(t = +0)\right) = \underline{\underline{pC \cdot \underline{U}_a(p)}}$$

c)

$$\underline{U}_a(p) = \underline{U}_e(p) - \underline{U}_L(p) - \underline{U}_R(p)$$

$$= \underline{U}_e(p) - pL \cdot \underline{I}(p) - R \cdot \underline{I}(p)$$

$$= \underline{U}_e(p) - \underline{I}(p) \cdot (pL + R)$$

$$= \underline{U}_e(p) - pC \cdot \underline{U}_a(p) \cdot (pL + R)$$

$$= \underline{U}_e(p) - \underline{U}_a(p) \cdot (p^2 LC + pRC)$$

$$\underline{U}_a(p) \cdot (1 + p^2 LC + pRC) = \underline{U}_e(p)$$

$$\frac{\underline{U}_a(p)}{\underline{U}_e(p)} = \frac{1}{1 + p^2 LC + pRC}$$

$$\Rightarrow \underline{\underline{\underline{H}(p) = \frac{1}{LC} \cdot \frac{1}{\frac{1}{LC} + p\frac{R}{L} + p^2}}}$$

d)

$$\underline{H}(p) = \frac{1}{LC} \cdot \frac{1}{\frac{1}{LC} + p\frac{R}{L} + p^2}$$

$$= \frac{1}{LC} \cdot \frac{1}{\left(p - \left(-\frac{R}{2L} + \sqrt{\left(\frac{R}{2L}\right)^2 - \frac{1}{LC}}\right)\right)\left(p - \left(-\frac{R}{2L} - \sqrt{\left(\frac{R}{2L}\right)^2 - \frac{1}{LC}}\right)\right)}$$

Polstellen:

$$p_{\infty 1} = \underline{\underline{-\frac{R}{2L} + \sqrt{\left(\frac{R}{2L}\right)^2 - \frac{1}{LC}}}}$$

$$p_{\infty 2} = \underline{\underline{-\frac{R}{2L} - \sqrt{\left(\frac{R}{2L}\right)^2 - \frac{1}{LC}}}}$$

Nullstellen:

Keine

e) PN-Diagramm:

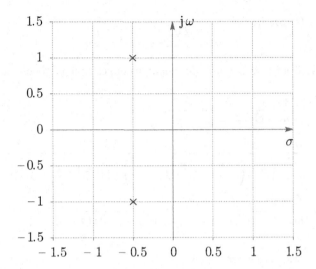

f) Das System ist stabil, da sich alle Polstellen in der linken Halbebene befinden.

$$\Re\{p_{\infty 1}\} = -\frac{R}{2L} + \sqrt{\left(\frac{R}{2L}\right)^2 - \frac{1}{LC}} \le 0$$

$$\Re\{p_{\infty 2}\} = -\frac{R}{2L} - \sqrt{\left(\frac{R}{2L}\right)^2 - \frac{1}{LC}} \le 0$$

g) Schritt 5 des Lösungsverfahrens: „Bildfunktion des Eingangssignals berechnen":

$$\underline{U}_e(p) = \int\limits_0^\infty u_e(t) \cdot e^{-pt} dt$$

$$= \int\limits_0^\infty U_0 \sigma(t) \cdot e^{-pt} dt$$

$$= U_0 \int\limits_0^\infty e^{-pt} dt$$

$$= U_0 \frac{1}{-p} \left[e^{-pt} \right]_0^\infty$$

$$= U_0 \frac{1}{p}$$

h) Schritt 6 des Lösungsverfahrens: „Gleichungssystem auflösen nach der Bildfunktion der gesuchten Größe":

$$\underline{U}_a(p) = \underline{U}_e(p) \cdot \underline{H}(p) = U_0 \frac{1}{p} \cdot \frac{1}{LC} \cdot \frac{1}{\frac{1}{LC} + p\frac{R}{L} + p^2}$$

i) Schritt 7 des Lösungsverfahrens: „Zeitfunktion der gesuchten Größe ermitteln":

$$\underline{U}_a(p) = U_0 \frac{1}{p} \cdot \frac{1}{LC} \cdot \frac{1}{\frac{1}{LC} + p\frac{R}{L} + p^2}$$

$$= \frac{U_0}{LC} \cdot \frac{1}{\left(p - \left(-\frac{R}{2L} + \sqrt{\left(\frac{R}{2L}\right)^2 - \frac{1}{LC}}\right)\right)\left(p - \left(-\frac{R}{2L} - \sqrt{\left(\frac{R}{2L}\right)^2 - \frac{1}{LC}}\right)\right) \cdot p}$$

$$= \frac{U_0}{LC} \cdot \frac{1}{(p - (-\delta + j\omega_0))(p - (-\delta - j\omega_0))(p - 0)}$$

● Korrespondenz Nr. 3.0a
○

$$u_a(t) = \sigma(t) \cdot \frac{U_0}{LC} \cdot \frac{(b-c)e^{at} + (c-a)e^{bt} + (a-b)e^{ct}}{(a-b)(b-c)(a-c)}$$

$$= \sigma(t) \cdot \frac{U_0}{LC} \cdot \frac{be^{at} - ae^{bt} + a - b}{(a-b)ab}$$

$$= \sigma(t) \cdot \frac{U_0}{LC} \cdot \frac{1}{ab} \cdot \left(\frac{be^{at}-ae^{bt}}{(a-b)} + \frac{a-b}{a-b}\right)$$

$$= \sigma(t) \cdot \frac{U_0}{LC} \cdot \frac{1}{ab} \cdot \left(\frac{be^{at}-ae^{bt}}{(a-b)} + 1\right)$$

$$= \sigma(t) \cdot \frac{U_0}{LC} \cdot \frac{1}{(-\delta + j\omega_0)(-\delta - j\omega_0)} \cdot \left(\frac{(-\delta - j\omega_0)e^{(-\delta + j\omega_0)t} - (-\delta + j\omega_0)e^{(-\delta - j\omega_0)t}}{(-\delta + j\omega_0) - (-\delta - j\omega_0)} + 1\right)$$

$$= \sigma(t) \cdot \frac{U_0}{LC} \cdot \frac{1}{\delta^2 + \omega_0^2} \cdot \left(\frac{(-\delta - j\omega_0)e^{(-\delta + j\omega_0)t} - (-\delta + j\omega_0)e^{(-\delta - j\omega_0)t}}{2j\omega_0} + 1\right)$$

$$= \sigma(t) \cdot \frac{U_0}{LC} \cdot \frac{1}{\left(\frac{R}{2L}\right)^2 + \left(\sqrt{\frac{1}{LC} - \left(\frac{R}{2L}\right)^2}\right)^2} \cdot \left(1 - e^{-\delta t}\frac{(\delta + j\omega_0)e^{j\omega_0 t} + (-\delta + j\omega_0)e^{-j\omega_0 t}}{2j\omega_0}\right)$$

$$= \sigma(t) \cdot \frac{U_0}{LC} \cdot \frac{1}{\left(\frac{R}{2L}\right)^2 + \frac{1}{LC} - \left(\frac{R}{2L}\right)^2} \cdot \left(1 - e^{-\delta t}\frac{\delta e^{j\omega_0 t} - \delta e^{-j\omega_0 t} + j\omega_0 t e^{j\omega_0 t} + j\omega_0 e^{-j\omega_0 t}}{2j\omega_0}\right)$$

$$= \sigma(t) \cdot U_0 \cdot \left(1 - e^{-\delta t} \cdot \left(\frac{\delta}{\omega_0}sin(\omega_0 t) + cos(\omega_0 t)\right)\right)$$

$$= \sigma(t) \cdot U_0 \cdot \left(1 - e^{-\frac{R}{2L}t} \cdot \left(\frac{R}{2L\sqrt{\frac{1}{LC} - \left(\frac{R}{2L}\right)^2}}sin\left(\sqrt{\frac{1}{LC} - \left(\frac{R}{2L}\right)^2} \cdot t\right) + cos\left(\sqrt{\frac{1}{LC} - \left(\frac{R}{2L}\right)^2} \cdot t\right)\right)\right)$$

j) Ausgangssignal:

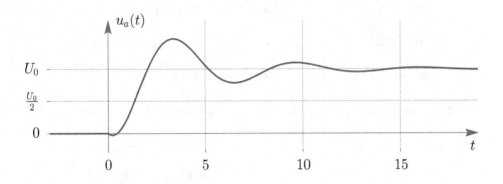

Lösung zur Aufgabe 10

Schritt 1 des Lösungsverfahrens „Schaltung mit Zählpfeilen versehen" ist bereits in der Angabe enthalten:

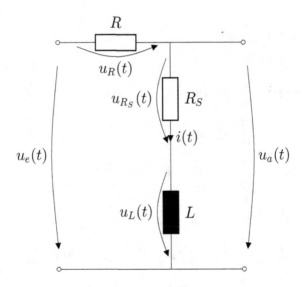

a) In dieser Teilaufgabe werden die Schritte 2 „Elementgleichungen und Maschen- und Knotenpunktgleichungen entsprechend den Kirchhoffschen Regeln aufstellen" und 3 „Gleichungssystem in den Bildbereich transformieren" unmittelbar hintereinander durchgeführt.

Elementgleichungen:

$$u_{R_S}(t) = R_S \cdot i(t) \qquad\qquad\qquad \underline{U}_{R_S}(p) = R_S \cdot \underline{I}(p)$$

$$u_L(t) = L\frac{di(t)}{dt} \qquad\qquad\qquad \underline{U}_L(p) = L\left(p \cdot \underline{I}(p) - i(t = +0)\right)$$

$$u_R(t) = R \cdot i(t) \qquad\qquad\qquad \underline{U}_R(p) = R \cdot \underline{I}(p)$$

Maschen- und Knotenpunktgleichungen entsprechend den Kirchhoffschen Regeln:

$$u_a(t) = u_e(t) - u_R(t) \qquad\qquad \underline{U}_a(p) = \underline{U}_e(p) - \underline{U}_R(p)$$

$$u_a(t) = u_{R_S}(t) + u_L(t) \qquad\qquad \underline{U}_a(p) = \underline{U}_{R_S}(p) + \underline{U}_L(p)$$

b) Schritt 4 des Lösungsverfahrens: „Anfangsbedingungen einsetzen":

$$i(t = +0) = 0$$

$$\Rightarrow \underline{U}_L(p) = L\left(p \cdot \underline{I}(p) - i(t = +0)\right) = pL \cdot \underline{I}(p)$$

c)

$$\begin{aligned}
\underline{U}_a(p) &= \underline{U}_e(p) - \underline{U}_R(p) \\[4pt]
&= \underline{U}_e(p) - R \cdot \underline{I}(p) \\[4pt]
&= \underline{U}_e(p) - \frac{R}{R_S} \cdot \underline{U}_{R_S}(p) \\[4pt]
&= \underline{U}_e(p) - \frac{R}{R_S} \cdot \left(\underline{U}_a(p) - \underline{U}_L(p)\right) \\[4pt]
&= \underline{U}_e(p) - \frac{R}{R_S} \cdot \left(\underline{U}_a(p) - pL \cdot \underline{I}(p)\right) \\[4pt]
&= \underline{U}_e(p) - \frac{R}{R_S} \cdot \left(\underline{U}_a(p) - p\frac{L}{R} \cdot \underline{U}_R(p)\right) \\[4pt]
&= \underline{U}_e(p) - \frac{R}{R_S} \cdot \left(\underline{U}_a(p) - p\frac{L}{R} \cdot \left(\underline{U}_e(p) - \underline{U}_a(p)\right)\right) \\[4pt]
&= \underline{U}_e(p) - \frac{R}{R_S}\underline{U}_a(p) + \frac{L}{R_S}p\underline{U}_e(p) - \frac{L}{R_S}p\underline{U}_a(p)
\end{aligned}$$

$$\underline{U}_a(p) \cdot \left(1 + \frac{R}{R_S} + \frac{L}{R_S}p\right) = \underline{U}_e(p) \cdot \left(1 + \frac{L}{R_S}p\right)$$

$$\frac{\underline{U}_a(p)}{\underline{U}_e(p)} = \frac{1 + \frac{L}{R_S}p}{1 + \frac{R}{R_S} + \frac{L}{R_S}p}$$

$$\Rightarrow \underline{\underline{H}(p) = \frac{\frac{R_S}{L} + p}{\frac{R+R_S}{L} + p}}$$

d)

$$\underline{H}(p) = \frac{p - \left(-\frac{R_S}{L}\right)}{p - \left(-\frac{R+R_S}{L}\right)}$$

Polstellen:

$$\underline{\underline{p_\infty = -\frac{R + R_S}{L}}}$$

Nullstellen:

$$\underline{\underline{p_0 = -\frac{R_S}{L}}}$$

e) PN-Diagramm:

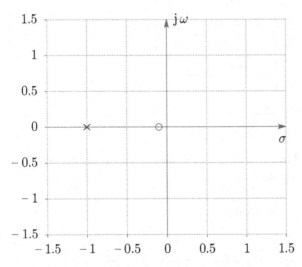

f) Das System ist stabil, da sich alle Polstellen in der linken Halbebene befinden.

$$\Re\{p_\infty\} = -\frac{R + R_S}{L} \leq 0$$

g) Schritt 5 des Lösungsverfahrens: „Bildfunktion des Eingangssignals berechnen":

$$\underline{U}_e(p) = \int\limits_0^\infty \sigma(t)U_o sin\,(2\pi f_0 t) \cdot e^{-pt} dt$$

$$= \frac{U_0}{2\mathrm{j}} \int\limits_0^\infty \left(e^{\mathrm{j}\,2\pi f_0 t} - e^{-\mathrm{j}\,2\pi f_0 t} \right) \cdot e^{-pt} dt$$

$$= \frac{U_0}{2\mathrm{j}} \int\limits_0^\infty e^{\mathrm{j}\,2\pi f_0 t - pt} - e^{-\mathrm{j}\,2\pi f_0 t - pt} dt$$

$$= \frac{U_0}{2\mathrm{j}} \int\limits_0^\infty e^{-t(p-\mathrm{j}\,2\pi f_0)} - e^{-t(p+\mathrm{j}\,2\pi f_0)} dt$$

$$= \frac{U_0}{2\mathrm{j}} \left[\frac{-1}{p-\mathrm{j}\,2\pi f_0} \left[e^{-t(p-\mathrm{j}\,2\pi f_0)} \right]_0^\infty - \frac{-1}{p+\mathrm{j}\,2\pi f_0} \left[e^{-t(p+\mathrm{j}\,2\pi f_0)} \right]_0^\infty \right]$$

$$= \frac{U_0}{2\mathrm{j}} \left[\frac{-1}{p-\mathrm{j}\,2\pi f_0}\,(0-1) - \frac{-1}{p+\mathrm{j}\,2\pi f_0}\,(0-1) \right]$$

$$= \frac{U_0}{2\mathrm{j}} \left[\frac{1}{p-\mathrm{j}\,2\pi f_0} - \frac{1}{p+\mathrm{j}\,2\pi f_0} \right]$$

$$= \frac{U_0}{2\mathrm{j}} \left[\frac{p+\mathrm{j}\,2\pi f_0}{p^2 + (2\pi f_0)^2} - \frac{p-\mathrm{j}\,2\pi f_0}{p^2 + (2\pi f_0)^2} \right]$$

$$= \frac{U_0}{2\mathrm{j}} \left[\frac{p+\mathrm{j}\,\omega_0 - p + \mathrm{j}\,\omega_0}{p^2 + \omega_0^2} \right]$$

$$= U_0 \frac{\omega_0}{p^2 + \omega_0^2}$$

h) Schritt 6 des Lösungsverfahrens: „Gleichungssystem auflösen nach der Bildfunktion der gesuchten Größe":

$$\underline{U}_a(p) = \underline{U}_e(p) \cdot \underline{H}(p)$$

$$= \frac{U_0}{2\mathrm{j}} \left[\frac{1}{p-\mathrm{j}\,2\pi f_0} - \frac{1}{p+\mathrm{j}\,2\pi f_0} \right] \cdot \frac{\frac{R_S}{L} + p}{\frac{R+R_S}{L} + p}$$

$$= \frac{U_0}{2\mathrm{j}} \left[\frac{\frac{R_S}{L} + p}{(p-\mathrm{j}\,2\pi f_0)\left(p + \frac{R+R_S}{L}\right)} - \frac{\frac{R_S}{L} + p}{(p+\mathrm{j}\,2\pi f_0)\left(p + \frac{R+R_S}{L}\right)} \right]$$

$$PBZ\ 1: \frac{\frac{R_S}{L} + p}{(p - j\,2\pi f_0)\left(p + \frac{R+R_S}{L}\right)} = \frac{A}{p - j\,2\pi f_0} + \frac{B}{p + \frac{R+R_S}{L}}$$

$$A = \left.\frac{\frac{R_S}{L} + p}{p + \frac{R+R_S}{L}}\right|_{p = j\,2\pi f_0} = \frac{\frac{R_S}{L} + j\,2\pi f_0}{\frac{R+R_S}{L} + j\,2\pi f_0} \cdot \frac{\frac{R+R_S}{L} - j\,2\pi f_0}{\frac{R+R_S}{L} - j\,2\pi f_0}$$

$$= \frac{\left(\frac{R_S}{L} + j\,2\pi f_0\right)\left(\frac{R+R_S}{L} - j\,2\pi f_0\right)}{\left(\frac{R+R_S}{L}\right)^2 + (2\pi f_0)^2} = \frac{\frac{R_S}{L}\frac{R+R_S}{L} + j\,2\pi f_0\frac{R}{L} + (2\pi f_0)^2}{\left(\frac{R+R_S}{L}\right)^2 + (2\pi f_0)^2}$$

$$B = \left.\frac{\frac{R_S}{L} + p}{p - j\,2\pi f_0}\right|_{p = -\frac{R+R_S}{L}} = \frac{\frac{R_S}{L} - \frac{R+R_S}{L}}{-\frac{R+R_S}{L} - j\,2\pi f_0}$$

$$= \frac{\frac{R}{L}}{\frac{R+R_S}{L} + j\,2\pi f_0} = \frac{\frac{R}{L}\frac{R+R_S}{L} - \frac{R}{L}j\,2\pi f_0}{\left(\frac{R+R_S}{L}\right)^2 + (2\pi f_0)^2}$$

$$PBZ\ 2: = \frac{\frac{R_S}{L} + p}{(p + j\,2\pi f_0)\left(p + \frac{R+R_S}{L}\right)} = \frac{C}{p + j\,2\pi f_0} + \frac{D}{p + \frac{R+R_S}{L}}$$

$$C = \left.\frac{\frac{R_S}{L} + p}{p + \frac{R+R_S}{L}}\right|_{p = -j\,2\pi f_0} = \frac{\frac{R_S}{L} - j\,2\pi f_0}{\frac{R+R_S}{L} - j\,2\pi f_0} \cdot \frac{\frac{R+R_S}{L} + j\,2\pi f_0}{\frac{R+R_S}{L} + j\,2\pi f_0}$$

$$= \frac{\left(\frac{R_S}{L} - j\,2\pi f_0\right)\left(\frac{R+R_S}{L} + j\,2\pi f_0\right)}{\left(\frac{R+R_S}{L}\right)^2 + (2\pi f_0)^2} = \frac{\frac{R_S(R+R_S)}{L^2} - j\,2\pi f_0\frac{R}{L} + (2\pi f_0)^2}{\left(\frac{R+R_S}{L}\right)^2 + (2\pi f_0)^2} = A^*$$

$$D = \left.\frac{\frac{R_S}{L} + p}{p + j\,2\pi f_0}\right|_{p = -\frac{R+R_S}{L}} = \frac{\frac{R_S}{L} - \frac{R+R_S}{L}}{\frac{R+R_S}{L} + j\,2\pi f_0}$$

$$= \frac{\frac{R}{L}}{\frac{R+R_S}{L} - j\,2\pi f_0} = \frac{\frac{R}{L}\frac{R+R_S}{L} + \frac{R}{L}j\,2\pi f_0}{\left(\frac{R+R_S}{L}\right)^2 + (2\pi f_0)^2} = B^*$$

$$\underline{U}_a(p) = \frac{U_0}{2j}\left[\frac{A}{p - j\,2\pi f_0} + \frac{B}{p + \frac{R+R_S}{L}} - \frac{A^*}{p + j\,2\pi f_0} - \frac{B^*}{p + \frac{R+R_S}{L}}\right]$$

$$= \frac{U_0}{2j}\left[\frac{A}{p - j\,2\pi f_0} + \frac{B - B^*}{p + \frac{R+R_S}{L}} - \frac{A^*}{p + j\,2\pi f_0}\right]$$

i) Schritt 7 des Lösungsverfahrens: „Zeitfunktion der gesuchten Größe ermitteln":

$$\underline{U}_a(p) = \frac{U_0}{2\mathrm{j}} \left[\frac{A}{p - \mathrm{j}2\pi f_0} + \frac{B - B^*}{p + \frac{R+R_S}{L}} - \frac{A^*}{p + \mathrm{j}2\pi f_0} \right]$$

Korrespondenz Nr. 1

$$u_a(t) = \sigma(t) \cdot \frac{U_0}{2\mathrm{j}} \left[A\mathrm{e}^{\mathrm{j}2\pi f_0 t} + (B - B^*)\mathrm{e}^{-\frac{R+R_S}{L}t} - A^*\mathrm{e}^{-\mathrm{j}2\pi f_0 t} \right]$$

Substitution: $c_1 := \left(\frac{R+R_S}{L} \right)^2 + (2\pi f_0)^2 \quad c_2 := \frac{R_S}{L}\frac{R+R_S}{L} \quad \omega_0 = 2\pi f_0$

$$u_a(t) = \sigma(t) \cdot \frac{U_0}{2\mathrm{j}} \left[\frac{c_2 + \mathrm{j}\omega_0\frac{R}{L} + \omega_0^2}{c_1}\mathrm{e}^{\mathrm{j}\omega_0 t} + \left(\frac{c_2 - \frac{R}{L}\mathrm{j}\omega_0}{c_1} - \frac{c_2 + \frac{R}{L}\mathrm{j}\omega_0}{c_1} \right)\mathrm{e}^{-\frac{R+R_S}{L}t} \right.$$

$$\left. - \frac{c_2 - \mathrm{j}\omega_0\frac{R}{L} + \omega_0^2}{c_1}\mathrm{e}^{-\mathrm{j}\omega_0 t} \right]$$

$$= \frac{\sigma(t)\frac{U_0}{2\mathrm{j}}}{c_1} \left[\left(c_2 + \omega_0^2 + \mathrm{j}\omega_0\frac{R}{L} \right)\mathrm{e}^{\mathrm{j}\omega_0 t} - 2\frac{R}{L}\mathrm{j}\omega_0\mathrm{e}^{-\frac{R+R_S}{L}t} - \left(c_2 + \omega_0^2 - \mathrm{j}\omega_0\frac{R}{L} \right)\mathrm{e}^{-\mathrm{j}\omega_0 t} \right]$$

$$= \frac{\sigma(t)\frac{U_0}{2\mathrm{j}}}{c_1} \left[\left(c_2 + \omega_0^2 \right)\left(\mathrm{e}^{\mathrm{j}\omega_0 t} - \mathrm{e}^{-\mathrm{j}\omega_0 t} \right) + \mathrm{j}\omega_0\frac{R}{L}\left(\mathrm{e}^{\mathrm{j}\omega_0 t} + \mathrm{e}^{-\mathrm{j}\omega_0 t} \right) - 2\frac{R}{L}\mathrm{j}\omega_0\mathrm{e}^{-\frac{R+R_S}{L}t} \right]$$

$$= \frac{\sigma(t)\frac{U_0}{2\mathrm{j}}}{c_1} \left[\left(c_2 + \omega_0^2 \right)2\mathrm{j}\sin(\omega_0 t) + \mathrm{j}\omega_0\frac{R}{L}2\cos(\omega_0 t) - 2\frac{R}{L}\mathrm{j}\omega_0\mathrm{e}^{-\frac{R+R_S}{L}t} \right]$$

$$= \sigma(t) \cdot \frac{U_0}{c_1} \left[\left(c_2 + \omega_0^2 \right)\sin(\omega_0 t) + \omega_0\frac{R}{L}\cos(\omega_0 t) - \frac{R}{L}\omega_0\mathrm{e}^{-\frac{R+R_S}{L}t} \right]$$

$$= \sigma(t) \cdot \frac{U_0}{\left(\frac{R+R_S}{L} \right)^2 + \omega_0^2} \left[\left(\frac{R_S}{L}\frac{R+R_S}{L} + \omega_0^2 \right)\sin(\omega_0 t) + \omega_0\frac{R}{L}\cos(\omega_0 t) - \frac{R}{L}\omega_0\mathrm{e}^{-\frac{R+R_S}{L}t} \right]$$

j) Ausgangssignal:

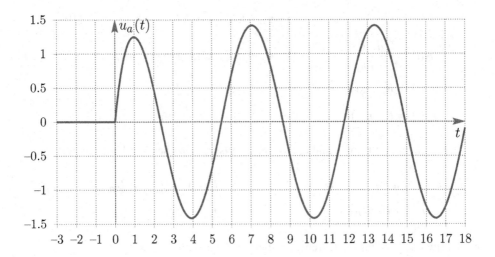

Lösung zur Aufgabe 11

Schritt 1 des Lösungsverfahrens „Schaltung mit Zählpfeilen versehen" ist bereits in der Angabe enthalten:

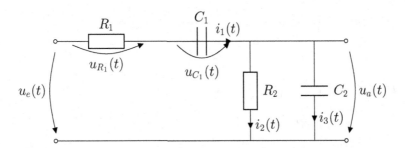

a) In dieser Teilaufgabe werden die Schritte 2 „Elementgleichungen und Maschen- und Knotenpunktgleichungen entsprechend den Kirchhoffschen Regeln aufstellen" und 3 „Gleichungssystem in den Bildbereich transformieren" unmittelbar hintereinander durchgeführt.

Elementgleichungen:

$$i_1(t) = C\frac{du_{C_1}(t)}{dt} \qquad\qquad \circ\!\!-\!\!\bullet \quad \underline{I}_1(p) = C\left(p \cdot \underline{U}_{C_1}(p) - u_{C_1}(t = +0)\right)$$

$$i_3(t) = C\frac{du_a(t)}{dt} \qquad\qquad \circ\!\!-\!\!\bullet \quad \underline{I}_3(p) = C\left(p \cdot \underline{U}_a(p) - u_a(t = +0)\right)$$

$$u_{R_1}(t) = R_1 \cdot i_1(t) \qquad\qquad \circ\!\!-\!\!\bullet \quad \underline{U}_{R_1}(p) = R_1 \cdot \underline{I}_1(p)$$

$$u_a(t) = R_2 \cdot i_2(t) \qquad\qquad \circ\!\!-\!\!\bullet \quad \underline{U}_a(p) = R_2 \cdot \underline{I}_2(p)$$

Maschen- und Knotenpunktgleichungen entsprechend den Kirchhoffschen Regeln:

$$u_a(t) = u_e(t) - u_{R_1}(t) - u_{C_1}(t) \qquad \circ\!\!-\!\!\bullet \quad \underline{U}_a(p) = \underline{U}_e(p) - \underline{U}_{R_1}(p) - \underline{U}_{C_1}(p)$$

$$i_1(t) = i_2(t) + i_3(t) \qquad\qquad\quad \circ\!\!-\!\!\bullet \quad \underline{I}_1(p) = \underline{I}_2(p) + \underline{I}_3(p)$$

b) Schritt 4 des Lösungsverfahrens: „Anfangsbedingungen einsetzen":

$$u_{C_1}(t = +0) = 0$$

$$\Rightarrow \underline{I}_1(p) = C\left(p \cdot \underline{U}_{C_1}(p) - u_{C_1}(t = +0)\right) = pC \cdot \underline{U}_{C_1}(p)$$

$$u_a(t = +0) = 0$$

$$\Rightarrow \underline{I}_3(p) = C\left(p \cdot \underline{U}_a(p) - u_a(t = +0)\right) = pC \cdot \underline{U}_a(p)$$

c)

$$\underline{U}_a(p) = \underline{U}_e(p) - \underline{U}_{R_1}(p) - \underline{U}_{C_1}(p)$$

$$= \underline{U}_e(p) - R\underline{I}_1(p) - \frac{1}{pC}\underline{I}_1(p)$$

$$= \underline{U}_e(p) - \left(R + \frac{1}{pC}\right)(\underline{I}_2(p) + \underline{I}_3(p))$$

$$= \underline{U}_e(p) - \left(R + \frac{1}{pC}\right)\left(\frac{1}{R}\underline{U}_a(p) + pC \cdot \underline{U}_a(p)\right)$$

$$= \underline{U}_e(p) - \frac{R}{R}\underline{U}_a(p) - pRC \cdot \underline{U}_a(p) - \frac{1}{pRC}\underline{U}_a(p) - \frac{pC}{pC} \cdot \underline{U}_a(p)$$

$$= \underline{U}_e(p) - 2\underline{U}_a(p) - pRC \cdot \underline{U}_a(p) - \frac{1}{pRC}\underline{U}_a(p)$$

$$\underline{U}_a(p) \cdot \left(3 + pRC + \frac{1}{pRC}\right) = \underline{U}_e(p)$$

$$\frac{\underline{U}_a(p)}{\underline{U}_e(p)} = \frac{1}{3 + pRC + \frac{1}{pRC}}$$

$$\Rightarrow \underline{H}(p) = \frac{1}{RC} \cdot \frac{p}{\frac{1}{(RC)^2} + \frac{3}{RC}p + p^2}$$

d)

$$\underline{H}(p) = \frac{1}{RC} \cdot \frac{p}{\frac{1}{(RC)^2} + \frac{3}{RC}p + p^2} = \frac{1}{RC} \cdot \frac{p}{\left(p - \frac{-3+\sqrt{5}}{2RC}\right)\left(p - \frac{-3-\sqrt{5}}{2RC}\right)}$$

Polstellen:

$$p_{\infty 1} = \frac{-3 + \sqrt{5}}{2RC}$$

$$p_{\infty 2} = \frac{-3 - \sqrt{5}}{2RC}$$

Nullstellen:

$$p_0 = \underline{\underline{0}}$$

e) PN-Diagramm:

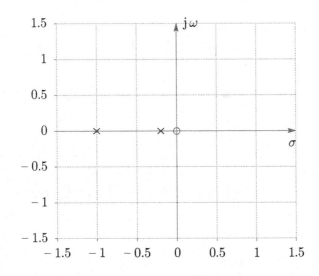

f) Das System ist stabil, da sich alle Polstellen in der linken Halbebene befinden.

$$\Re\{p_{\infty 1}\} = \frac{-3 + \sqrt{5}}{2RC} \leq 0$$

$$\Re\{p_{\infty 2}\} = \frac{-3 - \sqrt{5}}{2RC} \leq 0$$

g) Schritt 5 des Lösungsverfahrens: „Bildfunktion des Eingangssignals berechnen":

$$\underline{U}_e(p) = \int\limits_0^\infty u_e(t) \cdot \mathrm{e}^{-pt} dt = \underline{\underline{U_0 \frac{1}{p}}}$$

h) Schritt 6 des Lösungsverfahrens: „Gleichungssystem auflösen nach der Bildfunktion der gesuchten Größe":

$$\underline{U}_a(p) = \underline{U}_e(p) \cdot \underline{H}(p)$$

$$= U_0 \frac{1}{p} \frac{1}{RC} \cdot \frac{p}{(RC)^2 + \frac{3}{RC}p + p^2}$$

$$= \underline{\underline{U_0 \frac{1}{RC} \cdot \frac{1}{\frac{1}{(RC)^2} + \frac{3}{RC}p + p^2}}}$$

i) Schritt 7 des Lösungsverfahrens: „Zeitfunktion der gesuchten Größe ermitteln":

$$\underline{U}_a(p) = U_0 \frac{1}{RC} \cdot \frac{1}{\frac{1}{(RC)^2} + \frac{3}{RC}p + p^2}$$

$$= U_0 \frac{1}{RC} \cdot \frac{1}{\left(p - \left(-\frac{3}{2RC} + \sqrt{\left(\frac{3}{2RC}\right)^2 - \frac{1}{(RC)^2}}\right)\right)\left(p - \left(-\frac{3}{2RC} - \sqrt{\left(\frac{3}{2RC}\right)^2 - \frac{1}{(RC)^2}}\right)\right)}$$

Korrespondenz Nr. 2.0a

$$u_a(t) = \sigma(t) \cdot \frac{U_0}{RC} \cdot \frac{\mathrm{e}^{\left(-\frac{3}{2RC} - \sqrt{\left(\frac{3}{2RC}\right)^2 - \frac{1}{(RC)^2}}\right)t} - \mathrm{e}^{\left(-\frac{3}{2RC} + \sqrt{\left(\frac{3}{2RC}\right)^2 - \frac{1}{(RC)^2}}\right)t}}{\left(-\frac{3}{2RC} - \sqrt{\left(\frac{3}{2RC}\right)^2 - \frac{1}{(RC)^2}}\right) - \left(-\frac{3}{2RC} + \sqrt{\left(\frac{3}{2RC}\right)^2 - \frac{1}{(RC)^2}}\right)}$$

$$= \sigma(t) \cdot \frac{U_0}{RC} \cdot e^{-\frac{3}{2RC}t} \cdot \frac{e^{-\sqrt{\left(\frac{3}{2RC}\right)^2 - \frac{1}{(RC)^2}}t} - e^{\sqrt{\left(\frac{3}{2RC}\right)^2 - \frac{1}{(RC)^2}}t}}{-\frac{3}{2RC} - \sqrt{\left(\frac{3}{2RC}\right)^2 - \frac{1}{(RC)^2}} + \frac{3}{2RC} - \sqrt{\left(\frac{3}{2RC}\right)^2 - \frac{1}{(RC)^2}}}$$

$$= \sigma(t) \cdot \frac{U_0}{RC\sqrt{\frac{9}{4}\frac{1}{(RC)^2} - \frac{1}{(RC)^2}}} \cdot e^{-\frac{3}{2RC}t} \cdot \frac{e^{\sqrt{\left(\frac{3}{2RC}\right)^2 - \frac{1}{(RC)^2}}t} - e^{-\sqrt{\left(\frac{3}{2RC}\right)^2 - \frac{1}{(RC)^2}}t}}{2}$$

$$= \sigma(t) \cdot \frac{U_0}{RC\sqrt{\frac{5}{4}\frac{1}{(RC)^2}}} \cdot e^{-\frac{3}{2RC}t} \frac{e^{\sqrt{\frac{5}{4}\frac{1}{(RC)^2}}t} - e^{-\sqrt{\frac{5}{4}\frac{1}{(RC)^2}}t}}{2}$$

$$= \underline{\underline{\sigma(t) \cdot \frac{U_0}{\sqrt{5}} \cdot e^{-\frac{3}{2RC}t}\left(e^{\frac{\sqrt{5}}{2RC}t} - e^{-\frac{\sqrt{5}}{2RC}t}\right)}}$$

oder alternativ:

$$= \underline{\underline{\sigma(t) \cdot \frac{2U_0}{\sqrt{5}} \cdot e^{-\frac{3}{2RC}t} sinh\left(t\frac{\sqrt{5}}{2RC}\right)}}$$

j) Ausgangssignal:

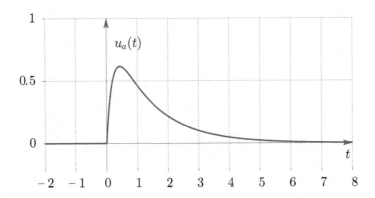

Printed in the United States
By Bookmasters